TSUKUBASHOBO-BOOKLET

暮らしのなかの食と農——58

官邸農政の矛盾
TPP・農協・基本計画

田代洋一
Tashiro Yoichi

筑波書房ブックレット

目　次

はじめに …………………………………………………………………… 5

1. 官邸農政という規定 ………………………………………………… 6
官邸農政という規定 …… 6
自民党システムの盛衰と農協 …… 7
小選挙区制 …… 12
官高党低 …… 14
なぜ官邸主導が農政で突出するのか …… 16

2. 最終局面にきたTPP交渉 …………………………………………… 18
TPP＝官邸主導交渉 …… 18
米日２国間交渉の進展──日豪EPAと日米首脳会談 …… 19
多国間交渉の進展 …… 22
再び米日２国間交渉へ …… 24
鍵を握るTPA …… 27
米日政府にとってのTPPの戦略的意義 …… 29
国民にとってのTPP …… 33
TPPの行方 …… 36

3. 農協「改革」の第一ラウンド ……………………………………… 38
はじめに …… 38
第一ラウンドの経過 …… 39
経過をどうみるか …… 42
敗因の総括を …… 43
農協法改正案は新基本法を踏まえているか …… 45
准組合員利用規制は見送られたが…… …… 46
農協法上の全中の廃止 …… 49
公認会計士監査への移行 …… 53
非営利規定の放棄 …… 56

理事・経営管理委員の非農家化 …… 57
　　　農協組織の株式会社化 …… 58
　　　まとめ——農協法改正案は美しいか …… 59

4．財界は農地を狙う ………………………………………………… 61
　　　官邸農政の農地政策 …… 61
　　　農地中間管理機構（事業）の問題点 …… 62
　　　農業委員会法の改正 …… 64
　　　農業生産法人の農地所有適格法人化 …… 67
　　　農地転用許可権限の委譲 …… 69
　　　国家戦略特区による農地規制緩和 …… 71
　　　まとめ …… 71

5．新基本計画のリアリティを問う …………………………………… 73
　　　官邸農政と新基本計画——追随とリベンジ …… 73
　　　新基本法における食料自給率 …… 75
　　　政権交代と食料自給率 …… 77
　　　2015年計画における自給率と自給力 …… 79
　　　食料自給力をどう考えるか …… 81
　　　農業・農村所得倍増戦略 …… 84
　　　まとめ …… 85

6．官邸農政の矛盾 …………………………………………………… 87
　　　官邸農政の歴史性 …… 87
　　　合意形成なき農政 …… 87
　　　政策の担い手欠如 …… 88
　　　政策非整合性 …… 89
　　　まとめ …… 93

あとがき ……………………………………………………………… 94

はじめに

　農協法や農業委員会法の改正案が固まり、農業「改革」をめぐる攻防の第一ラウンドが終わりました。TPP交渉も最終局面をむかえようとしています。そのような時、これまでの経過を振り返りつつ、課題を摘出し、次の局面に備えたいと思います。

　そのために「官邸農政」という切り口を設けました。それにより安倍農政の特徴とその危うさが浮きぼりにされるのではないかと思います。

　1では、なぜ「官邸農政」という規定を設けたか、「官邸農政」とは何かを明らかにします。

　2では、官邸農政の起点としてのTPPの交渉経過と、いよいよあからさまになってきた本質をみます。

　3と4では、農協・農業委員会・農業生産法人の解体的再編の動きを、今国会に提出された法案に即して検討します。

　5では、2015年食料・農業・農村基本計画をとりあげ、食料自給率目標と新たに示された食料自給力の関係を検討します。

　6では、「官邸農政」がもつ「はだかの王様」としての矛盾を明らかにします。

1. 官邸農政という規定

官邸農政という規定

　安倍政権が2012年末に再登場してからの農政展開は、TPP参加、生産調整政策の廃止（国による配分の廃止）、農地中間管理機構の設立、農協・農業委員会・農業生産法人の解体的再編など矢継ぎ早でした。

　それはまさに「安倍農政」と呼べるでしょう。しかし首相の名を冠した農政は寡聞にして聞いたことがありません。「基本法農政」「総合農政」「地域農政」といった名前（ニックネーム）はありました。「基本法農政」は農業構造の改善、「総合農政」は稲作・農業に限定されない農業・農村政策の展開という「内容」に即した命名でした。それに対して「地域農政」は、農地流動化政策や生産調整政策を地域主義的な手法で追求するという「手法」に即した命名でした。

　しかしグローバリゼーション時代に入ると、広く一般化した呼び名はなくなりました。農政においてもグローバルスタンダード（自由化と直接支払政策）が追及され、国独自の政策の影が薄くなりました。

　そういうなかでの「安倍農政」の登場は画期的です。農政にひさかたぶりに名前が付いた、しかも史上初めて首相の名を冠した農政が登場したからです。しかしそれを「安倍農政」と呼ぶと、たんなる「安倍政権時代の農政」になってしまいます。そこで本書では「官邸農政」と呼んでみることにしました。以下ではその理由を述べます。

　筆者はこれまで安倍農政を「ポストTPP＝アベノミクス農政」「戦後レジームからの脱却農政」と呼んできました[1]。前者は、2013年に始まった、TPP妥結を先取りしつつ、アベノミクス成長戦略にとり

こまれた農政という意味です。後者は、2014年に本格化したもので、農協、農業委員会、農業生産法人といった戦後の民主改革を受けた農業法制を「戦後レジーム」ときめつけ、そこからの脱却をめざすものです。

　要するに、この二つの規定は農政の狙い・内容に即したものです。しかし安倍農政はそれだけに尽きないものをもっています。それは「官邸主導」という新たな手法です。先に「地域農政」が手法的な命名だとしました。それは高度経済成長が終わり、農林予算の確保が難しくなるなかで、農政の推進を地域合意（それに基づく社会的圧力）で進めようとするもので、「地域」とは具体的には農協、自治体を指しました。

　しかしグローバル化がTPPに具体化された今日、地域合意を得るかたちでの政策の立案・実施では間に合わなくなりました。そこで農政を官邸という権力中枢が自ら仕切る。それが「官邸農政」です。「官邸農政」は、先の「ポストTPP＝アベノミクス農政」「戦後レジームからの脱却農政」という内容を、官邸主導という手法面から規定したもので、そういう手法の危うさを明らかにするためのものです。

自民党システムの盛衰と農協

　このような官邸主導体制は別に農政に限ったことではなく、安倍政権の全体に及んでいます。それは、いつ、どうして始まったのか。それを明らかにするには、その前がどうだったのかを確認しておく必要があります。その点を農政・農協に即してみていきます。

　日本では長らく自民党一党支配が続いてきました。そこで形成され

（1）拙著『TPP＝アベノミクス農政　批判と対抗』筑波書房ブックレット、2013年、同『戦後レジームからの脱却農政』筑波書房、2014年。

た「自民党システム」は、政策立案の具体は官僚に任せ（その意味で自民党農政というよりは農水省農政）、自民党は法案等を政務調査会（その農林部会）、総務会等で厳しくチェックしつつ、利益配分面で本領を発揮することで、族議員を生み、利益誘導型政治と各省の省益確保が図られてきました。

農協系統は自民党システムにどっぷりつかり、「票と米価の取引」をする最有力な体制内圧力団体の一つでした。団体が内部に強い統制力を発揮しながら政府と交渉していくことを「コーポラティズム」と呼びますが、日本の農政で「農協コーポラティズム」が発揮されました。しかしそれも1960年代末からの米過剰により政府米価の引き上げが困難になるなかで、徐々に綻びだしました。それに対して農協系統は、米生産調整政策に「協力」することで、かろうじてその地位を守りました。

しかしグローバル化時代になると、財界は、利益誘導型政治を「カネのかかる」システムとして忌避するようになり、自民党は国内利害の取捨選択（新自由主義の用語で言うと「選択と集中」「既得権排除」）を余儀なくされるようになり、自民党システムは徐々に機能低下していきました。

そのなかで農協系統は、1986年にガット・ウルグアイラウンド（UR）が始まり、米自由化が避けがたくなるなかで、支配体制にとって負の存在になっていきました。その最初の現れが「戦後政治の総決算」を標榜した中曽根内閣の総務庁長官の「農協は自民党の票集めに協力していない」という不満の表明です。彼は「農協は協同組合主義の原点を忘れて政治に狂奔し、営農指導を怠り信用・共済業務に奔走している」と非難しました。こうして米価の引き下げが強行され、同時にその頃から、農協の信用・共済事業の分離が財界からも要求されるよう

になりました(2)。

　1993年の非自民党6党連立内閣（細川内閣）の成立は、政治面で自民党支配の「終わりの始まり」を、そして翌年の小選挙区比例代表制への移行は制度面で自民党システムの崩壊を導くものでしたが、こと農政においては、自民党システムは執拗に継続しました。農協系統は1990年代なかば、米自由化反対運動の敗北により政府・自民党との三者協議の枠組内に押さえ込まれましたが、自民党支持の政治姿勢を変えませんでした。また農政としても農協系統を切るわけにはいきませんでした。なぜなら地域合意が欠かせない生産調整政策の遂行は、地域農家を束ねる農協の協力が不可欠だったからです。

　日本は固有の食料安全保障政策をもたず、食管制度がその代替をしてきました。主食である米の国家管理（食料安全保障政策）は、URによる米のミニマム・アクセス（MA）の輸入を契機に1995年に食管法から食糧法に変えられましたが、その下で法に基づく生産調整政策として形を変えて継続し、同政策の実施に農協の協力は不可欠でした。また政治的にも、自民党候補は農協の支持を受けて当選し、その切り捨てには自民党農林族の抵抗もありました。

　しかし自民党の農協離れはじわじわ進んでいきました。1998年の自公連立政権の成立が大きかったと筆者は見ています。農村党としての自民党が、公明党を媒介にして都市にウイングをのばしだしたからです。1999年に農業基本法に代わり、グローバル化対応の食料・農業・農村基本法が制定され、農政においても市場メカニズム重視の新自由主義農政が追及されるようになり、それを遂行する新自由主義官僚の台頭がみられるようになりました。新基本法は、農業団体を重視した

（2）拙著『政権交代と農業政策』筑波書房ブックレット、2010年。

農業基本法と異なり、農協を「団体の効率的な再編整備」の対象に位置づけました。

　自民党システムを内部崩壊に導いたのは小泉内閣の登場です。小選挙区制のもつ破壊的パワーを最大限に引き出し、党を壊して（「自民党をぶっ潰す」）官邸主導を打ち出しました。小泉構造改革の一環として2002年に「米政策改革」が打ち出されました。それは生産調整政策の廃止という懸案事項に踏み込むものでしたが、なお農林族の抵抗は強く、加えて自民党の劣化と政権交代期への突入のなかで実現に至らず、最大の農政課題として今日に引き継がれました。

　同時期、農協「改革」も提起されましたが（2003年「農協のあり方研究会報告」）、農協の制度「改革」には及びませんでした。つまり小泉内閣で官邸主導が打ち出されたものの、農政を支配するには至りませんでした。

　官邸農政の胎動は、小泉内閣の跡を継いだ第一次安倍内閣です。同内閣は「戦後レジームからの脱却」という政治課題優先でしたが、そこで、「農地の利用と所有の分離」論が、財界シンクタンクの提言、経済財政諮問会議の答申を受けて「骨太の方針2007」に盛り込まれました[3]。それが同諮問会議のグローバル化改革専門調査会でとりあげられ、自由化（当時はEPA・経済連携協定）とのセットで論じられた点は今日と瓜二つです。この提言は政権交代直前の2009年の農地法改正に結実しました（農業生産法人の要件緩和、とくに株式会社形態の容認）。自民党・農水省コンビによる農政立案が財界・官邸主導に転じた最初です。

　だがそれは官邸農政の萌芽に過ぎませんでした。第一に、まだ経済

---

(3) 本間正義「食料・農業・農村基本法の展開とその限界」『農業と経済』臨時増刊号、2015年3月。

財政諮問会議等を迂回しての政策立案で完全に官邸主導とは言えず、第二に、その後、政治は小泉構造改革の行き過ぎへの反動として自民党システムへの回帰がみられ、自民党農林族も息を吹き返しました。第三に、2009年農地法改正は「農地の利用と所有の分離」を農地利用集積円滑化事業を通じて行おうとするもので、農協が主な事業の担い手と目されていました。農協を当てにしていた点で今日と決定的に違います。

　2012年、戦後初のカムバック政権として安倍政権が再登場しました。そこで官邸主導の政治・政策、官邸農政が本格化することになります。

　TPPへの参加と交渉、集団的自衛権の行使容認等の安保法制、農政「改革」等、官邸主導の政治・政策が際立っています。しかし政策課題的には菅内閣以降の民主党政権が追及してきたことの継承が多く、それを官邸主導で果敢に実行する点が最大の違いと言えます。

　「たとえば日常の各省の法律づくりにしても、今は必ず複数の省庁がかかわります。だったら従来のように各省がもさもさ動いて協議をしてから官邸が引き取るのではなく、**官邸がまず引き取って方向付けをしてから各省に返す**というやり方をとる。／問題が大きくなれば、それこそ課題別にインナーキャビネットをつくるという手法です。TPPもエネルギーも観光も、すべてこのスタイルでこなしていく」[4]。多少付け加えると、「各省がもさもさ動いて協議」の「もさもさ」には自民党各部会もいれるべきでしょう。「官邸がまず引き取って方向付け」には新自由主義官僚の一本釣りと彼らの御注進や協力があるでしょう。「インナーキャビネット」は党人事を通じる自民党部会トップのインナー化、「平場」（部会の平議員）からの切り離し（平場はた

（4）御厨貴『安倍政権は本当に強いのか』PHP新書、2015年。ゴチは引用者。

んなる説得要員化）があります。

小選挙区制

　このような官邸主導を可能にした条件は何か。その第一はやはり何といっても小選挙区制を通じる権力構造の変化です。

　第一に、中選挙区制下では自民党は各派閥・族に属する複数候補の擁立が可能ですが、小選挙区制下では単独の公認候補選びの権限をもつ官邸の力が決定的に強まります。

　第二に、中選挙区制下ではそれぞれの候補が特定の階層利害を代表できますが、小選挙区制下では各階層から万遍なく集票しないと当選がおぼつきません。

　第三に、中選挙区制下では自民党は幅広い階層を結集した「国民政党」として支持を受け、一内閣の失政は派閥トップによる首相交代という「疑似政権交代」でかわすことができましたが、小選挙区制下では政権交代になりかねず、自民党各候補は「後がない」状態におかれて、官邸従属を強めます。

　小選挙区制は、カネのかかる政治をやめ、政権交代の可能性をもたらすものとして歓迎されましたが、実際は民意の反映を極端に歪めつつ、官邸への権力集中を推し進める制度です。

　直近の2014年12月の衆議院選挙をみてみましょう。同選挙の主な結果は、小選挙区の投票率が52.66％と史上最低、与党の大勝、共産党の倍増等でした。投票率が低かったのは、政権交代期にあるにも関わらず政権交代選挙にならなかったこと、暮れの忙しい時期だったことが主因です。

　選挙結果を**表1**に引用しました。小選挙区では自民党は得票率48％で議席は75％、民主党は22％と13％、共産党は13％と0.3％と極端に

表1　2014年衆議院選挙の結果

党派	小選挙区 得票数		小選挙区 獲得議席		比例代表 得票数		比例代表 獲得議席	
自民	25,299,679	(48.11)	222	(75.25)	15,414,922	(33.25)	66	(38.82)
民主	11,820,815	(22.47)	38	(12.88)	8,564,467	(18.47)	33	(19.41)
維新	4,295,028	(8.16)	11	(3.72)	7,275,653	(15.69)	27	(15.88)
公明	765,390	(1.45)	9	(3.05)	6,369,179	(13.73)	24	(14.11)
共産	7,002,226	(13.31)	1	(0.33)	5,260,270	(11.34)	19	(11.17)
次世代	927,594	(1.76)	2	(0.67)	1,175,078	(2.53)	0	(0.00)
生活	512,188	(0.97)	2	(0.67)	875,430	(1.88)	0	(0.00)
社民	419,347	(0.79)	1	(0.33)	1,116,386	(2.40)	1	(0.58)
改革	―	(―)	―	(―)	9,218	(0.01)	0	(0.00)
減税	32,735	(0.06)	0	(0.00)	―	(―)	―	(―)
諸派	10,967	(0.02)	0	(0.00)	294,936	(0.63)	0	(0.00)
無所属	1,498,227	(2.84)	9	(3.05)	―		―	
計	52,584,196	(100.00)	295	(100.00)	46,355,539	(100.00)	170	(100.00)

注：東京新聞、2014年12月15日による。

差が開きます。それに対して比例代表は自民党がやや有利といえますが、概ね得票率と獲得議席率が近接しています。

　自民党の小選挙区の絶対得票率（対有権者比）は27％に過ぎません。比例区をみれば投票率は46％程度ですから、絶対得票率は15％たらずです。小選挙区で公明党票が自民党に回り、比例代表で自民党票が公明党に回ったとして[5]、与党の絶対得票率をみると、それぞれ26％と23％です。いずれにしても1/4の支持で「大勝」がもたらされたわけです。

　そこに小選挙区制の非民意代表性がまざまざと現れています。小選挙区制は政権交代可能性を最大の理由として導入されましたが、本来

(5) 自民党の〈小選挙区票－比例代表票〉の57％が公明党の〈比例代表票－小選挙区票〉である。

の選挙の目的は民意代表性に置かれるべきで、小選挙区制は民意の分布を人為的に大幅振幅させる間違った政治的装置です。要するに、小選挙区制は確かに政権交代をもたらしましたが、より長期的には凋落しつつある自民党が公明党と組んで政権を維持する装置として機能しているといえます。

政治学者の管原琢は「小選挙区制の呪縛により各党の性格が曖昧になること、有権者を置き去りにした政界再編にならざるを得ない状況を生むこともまた、重要な論点である。／端的に言って、小選挙区制は有権者と政界双方を不幸にする」(朝日新聞、2014年12月25日) と批判しています。求められるのは民意が正確に反映される中での政権交代です。

官高党低

このような小選挙区制の機能は、党首が自ら選挙を戦って大勝した時にはじめて発揮(党内信任)されます。選挙なしで首相になっても力を発揮できないのは、ポスト小泉内閣の自民党連立政権の首相の示す通りです。

安倍内閣の再登場は、ちょうど保守の世代交代期と時を同じくしたことも幸いしました。2009年の総選挙は政権交代をもたらしただけでなく、保守の世代交代を一挙にうながしました。「リベラル」保守や農林族はことごとく引退・落選を余儀なくされ、自民党内には官邸に刃向かう勢力がいなくなりました。二階総務会長曰く「党内にライオンも虎もいなくなったなあ」。農林族の消滅は小泉政権時代にはなかった新たな現象で、農政「改革」断行の重要な要素です。

加えて官邸は、官房長官が仕切る人事検討会議、内閣人事局の設置により官僚人事を掌中におさめました。内閣人事局は「国家公務員の

人事管理に関する戦略的中枢機能を担う組織」として各省有力課長以上の人事を官邸が一元管理します。官僚は入省年次による先輩後輩関係が徹底しており、OBにも主要案件のお伺いを立てる形で、良くも悪くも政策の一貫性を保ってきました。政策の突然変異はあり得ず、何十年も前に撒いた種を執拗に育てる組織です。

そのような農政の伝統を官邸農政は見事に突き崩しました。先取り的にいうと、今回の農協「改革」において、農協系統はこのような変化を予めつかむことができず、農水省にかけあっても党にいけと言われ、党にいってもらちがあかない。最後は官邸だと分かってもそこには手がとどかない。右往左往しているうちに押し切られてしまったというところでしょうか。体制内圧力団体としての限界です。

安倍政権を歴史的に位置づけると、それはもはやかつての自民党システム・利益誘導政治には戻れません。かといって小泉構造改革的な新自由主義一辺倒も、政権交代と言う苦渋をなめたあとでは出来ません。そこで第三の道として、対米従属・新自由主義に自らの歴史修正主義[6]を接ぎ木する挙に出たといえます。

安倍政権が保守勢力と対立しているような見解もありますが、そうではなく、従来型の保守（安保体制を前提として軽装備・経済成長を追求し、そこでの利益再配分に存在価値を見いだす。戦争を経験してそれなりに平和を重んじる）から歴史修正主義的な保守、「戦争を知らない世代」の保守への世代交代が進んだのだといえます。

---

(6) ワイツゼッカー（元西独首相）はそれを「過去に目を閉ざす者」と規定する。安倍は施政方針演説で、「明治の日本人に出来て、今の日本人に出来ないわけはありません」とする。「戦後以来の大改革」を遂行し、「明治を取り戻す」のだろうか。

なぜ官邸主導が農政で突出するのか

　安倍首相は2015年2月の施政方針演説の冒頭で、「日本を取り戻す」「それにはこの道しかない」として「改革断行」を叫び、そのトップに「農協改革」等の農政「改革」をあげました。なぜ官邸主導が農政・農協から始まるのでしょうか。

　施政方針演説は、「憲法改正に向けた国民的議論を深めていこうではありませんか」で閉じられています。安倍政権は2014年暮の選挙で任期を4年に延ばし、2016年夏の参院選で勝って任期中に憲法改正に手をつけようとしています。しかしながら長引く不況と格差拡大の下で、国民の最大の関心は経済にあります。そこで第二次安倍政権は、憲法改正への周到な道筋を描きつつも、そのスタートラインをアベノミクスにおきました。しかしながら、その第一の矢の異次元金融緩和は出口がみえず（日銀が国債買い上げをやめたら国債価格の暴落＝金利上昇が起こり経済は破綻する）、第二の矢の機動的財政出動は、政府の負債がGDPの倍を超す財政危機のなかで元より限界があり、残るのは第三の矢の成長戦略しかありません。

　しかし、これまでの経済成長をリードしてきた輸出産業はグローバル化対応で海外に生産比率を移し、経済成長すなわちGDP（国内総生産）の伸び率上昇への寄与度を低めており、新たなGDPの成長分野の開拓が不可欠です。そこで注目されたのが、農業、教育、医療、福祉、エネルギー等の内需産業です。

　アベノミクスの成長戦略の鍵は、第一に規制撤廃であり、規制撤廃しさえすれば後は企業が成長をリードするという論理です。第二に、輸出です。前述のように従来型の輸出戦略は自動車・電機等の海外移転の下では追力を欠きます。そこでとびついたのがTPPによる関税撤廃と非関税障壁の廃止、サービス貿易の拡大です。

このような規制撤廃と輸出を軸にしたアベノミクス成長戦略の前に立ちはだかるのが、農業・農村市場で支配的なシェアを占める農協系統、TPPに唯一組織だって反対する農協系統です。そこで農協や農業委員会、農業生産法人制度等を「岩盤規制」にでっち上げ、それを潰すことで、企業をそれらの分野に呼び込み、「農業の成長産業化」を図るという寸法です。

　以上が官邸主導が農政から始まる理由です。しかしTPPによる農産物輸入で農業を潰しながら、農業の成長産業化を図るのは矛盾でしかありません。いいかえればアベノミクスは産業戦略を欠き[7]、農業や観光しか思い浮かばず、農協を「岩盤規制」という仮想敵に仕立て上げて、それを潰すことで規制撤廃の点数を稼ぐしかないというところに追い詰められているといえます。

　官邸主導政治の最弱点は合意調達の困難です。とくに安倍首相は対話力・説得力を欠く独白政治です。それを補うのがメディア対策であり、マスコミを牽制しつつ官邸に都合のいい方向にメディアを方向付けます。大都市住民層と大企業を営業基盤とする全国紙等は、体質的に農協嫌悪感が強く、それが農業・農協「改革」報道のバイアスを生み、官邸農政の補完物になっているといえます。本書ではそういうマスコミの動向にも注目していきたいと思います。

（7）金子勝『資本主義の克服』集英社新書、2015年、24頁。

2．最終局面にきたTPP交渉

TPP＝官邸主導交渉

　「官邸農政」という観点からTPP交渉をみると、官邸主導交渉という側面が見えてきます。これまでの通商交渉は対米牛肉・オレンジ交渉にしても、WTOの農業交渉にしても、自民党農林族と農水官僚のトップが担ってきました[8]。それに対してTPP交渉では交渉窓口が内閣府に一本化され、首相のお友達である甘利氏がTPP担当大臣に任命され、交渉実務も内閣官房TPP政府対策本部（出向者を含む）があたっています。外務省や各産業省もタッチはしているでしょうが、もはやWTO交渉時代のような主役ではありません。

　族議員や官僚が交渉実権を握ることの問題もありますが、官邸主導も非常に危うい面をもちます。第一に、首相の腹三寸で交渉が決まってしまうからです。そして首相の腹はとっくに決まっているでしょう。第二に、財界利益をバックとした首相の考え方次第で、特定分野の利益のために他の分野が不利益を被る可能性が高くなります。これまでも結果的にはそうだったのですが、今回も輸出産業なかんずく自動車部門と農業との関係にそれが言えます。

　TPPの背後には国民をはじめ多数の利害関係者がおり、政府間交渉だけでTPPの行方を決めることはできませんが、政府間交渉としては最終局面に入りました。本章ではその経過をたどりつつ、そこでいよいよ鮮明になってきたTPPの本質を確認したいと思います。

（8）塩飽二郎「私の来た道　政策当局者の証言　塩飽二郎元農水審議官に聞く①」
　　『金融財政ビジネス』2011年8月22日号。

日本は2013年のTPP参加に当たり、併せて米日2国間交渉を義務づけられました。TPP全体が2国間交渉の束という性格を強めていますが、とくに日本にとっては参加12カ国の多国間（マルチ）交渉と米日2国間（バイラティラル）交渉の二重過程です[9]。その面から交渉経過をみていきます。

米日2国間交渉の進展──日豪EPAと日米首脳会談
　日本は、既に2013年10月頃から、TPP交渉の主導権を握るという名目で、妥協モードに入りました。当時の西川TPP対策委員長による農産物関税等の見直し作業の開始がそれです。具体的に取り沙汰された妥協案は、ⓐ「聖域」とされた米、麦、牛肉、豚肉、甘味資源作物の農産5品の細目の一部の関税撤廃、ⓑミニマム・アクセス米のアメリカ割当分、とくに主食用のSBS（売買同時入札）枠の拡大、ⓒ関税撤廃までの期間、です。このうちⓑは2014年11月に再浮上した点で注目されます。
　米日2国間交渉の第一の山は2014年4月でした。まず、2014年4月の日米首脳会談の直前に、安倍首相の強い意向の下で**日豪EPA（経済連携協定）** が大筋合意に達しました。そこでは牛肉等の畜産物の関税引下げ、米は関税撤廃から除外、小麦・砂糖は再協議となりました[10]。牛肉の関税は現行の38.5％から、冷凍肉（主に加工、レストラン向け）は1年目30.5％、18年目に19.5％に引き下げ、冷蔵肉（主にスーパー向け）は1年目32.5％、15年目に23.5％に引き下げです。
　日豪EPA交渉は2006年から始まりましたが、その際に「農林水産

---

(9) 首藤信彦「ゾンビ化するTPPの脅威」『世界』2015年4月号は、「アメリカ主導の『マルチ・二国間貿易協定』」と特徴づけている。
(10) 拙著『戦後レジームからの脱却農政』（前掲）、第2章。

物の重要品目が、除外又は再協議の対象になること」「十分な配慮が得られない時は……中断も含めて厳しい判断をもって臨むこと」という国会決議がなされました。関税率を半分近くまで引き下げる大筋合意は、「除外又は再協議」や「十分な配慮」を全く無視するものですが、自民党は「我が国農業・農村を守るギリギリの大筋合意」とし、全中も「ギリギリの交渉を粘り強く行った」と容認しました。以降、これが受け入れパターンになっていきます。

日豪EPAは、それ自体として畜産に大きな打撃を与えるものですが、次のTPP妥結への「露払い」「地ならし」として大きな意味をもちます。

4月には続いて**日米首脳会談**がもたれました。その日米共同声明は、日米同盟の強化については高らかに謳いあげましたが、TPPについては「大筋合意」に至りませんでした。しかし、今後、ⓐ具体的な関税率（関税をどれだけ引き下げるか）、ⓑ関税引下げの期間と方法（何年かけて引き下げるか）、ⓒセーフガード（SG、輸入が急増した場合に関税を引き上げる等の緊急輸入制限措置）の三つの方程式（パラメータ）で交渉を行うことに合意しました。

その意味は極めて重大です。自民党は「聖域なき関税撤廃を前提とする限り交渉に反対」を選挙スローガンにしてきましたし、国会は、重要5品目については、「①除外又は再協議の対象とすること。②10年を超える期間をかけた段階的な関税撤廃も含め認めないこと」「③聖域確保を最優先し、それが確保できないと判断した場合は、脱退も辞さないものとする」と決議しました（①②③は筆者が付したもの）。

しかし先の方程式は関税の引き下げを認めたことになります。そういうことがまかり通る一つの背景に国会決議そのものの曖昧さがあります。①の「除外又は再協議」は、今回の関税交渉そのものから外すことです。しかし、②「10年を超える期間をかけた段階的な関税撤廃

も認めないこと」は、要するに関税撤廃は認めない、いいかえれば関税引き下げはあり得ることになります。③の「脱退も辞さない」云々は、①②からして「聖域」が何を意味するかが明確でなく、具体的な「脱退」行為の基準になりません。

このようなことから、日豪EPAに続き、TPP交渉においても「関税撤廃さえしなければ国会決議に違反しない」という解釈がまかり通るようになりました(11)。

日米首脳会談をめぐって新聞報道に大きな食い違いがありました。読売新聞のみが、関税率引き下げの具体について「実質合意」があったとして、㋑豚肉の最低価格帯の関税を15年かけてキロ482円から50円に引き下げ、㋺牛肉関税を10年かけて9％に引き下げ、㋩米・麦・甘味作物の関税は原則維持、と報じましたが、他紙は追随しませんでした。

読売は政府筋に近く、かつTPP報道には最も熱心です。その読売への何らかのリークがあったようですが、そこには次のような問題があります。第一に、TPP交渉には厳しい秘匿義務が課せられ、国民や国会議員にも情報開示されないために、こういう混乱が起きるという、情報非公開の問題性です。

第二に、リークは何らかの目的のためになされます。結果的に誰が得をしたかで、それが分かります。まずアメリカの農業団体が、この数字を踏まえて、もっと日本に関税を下げさせろと言う要求を強めるでしょう。それに連動して日本側はアメリカの自動車関税の引き下げ

---

(11) 案の定、国会決議では「関税撤廃以外の国境措置＝関税削減は容認されている」、関税引下げを認めないとするのは「拡張解釈」という見解もでてきた（服部信司「TPP交渉と日米協議」『日本農業年報』61号、2015年）。それは「除外又は再協議」を無視した解釈である。

を要求し得ます（そうしたかどうかは別ですが）。公共性をもつメディアが、そういう利害関係にたつリークを「特ダネ」としてたれ流していいものか報道の倫理性が問われます。

　第三に、2015年に入ってからの報道では、先の50円や9％の数字は既定事実になっています。つまり2014年4月に既にそこまで詰められていたという読売報道は、決して間違っていなかったのです[12]。

　以上から、2014年4月時点で、先のⓐの関税引き下げ率については概ね合意があり、その後の交渉がとくにⓒのセーフガードの内容と発動条件に移ったことが分かります。つまり最大の山は越したということです。

多国間交渉の進展

　7月のオタワでの交渉では、労働（児童労働や強制労働、雇用差別の禁止、団結権・団交権の承認）、SPS（衛生植物検疫、国際基準より厳しい安全基準の防止や紛争解決ルール）は実質的に決着し、国有企業改革（国有企業の優遇措置）、知的財産権（新薬データ保護期間、著作権期間等）、環境が難しい分野として残りました。

　9月のワシントンの日米交渉では、日本は、農産物の関税削減とSGの発動条件について「柔軟性のある案」「妥協できるぎりぎりの案」を提示しましたが、アメリカは、日本が即時撤廃を求める自動車部品の関税の維持を主張したとされます。要するに、日本がSGについても妥協カードを切りだしたこと、にもかかわらずアメリカの強硬姿勢

---

[12] 2015年2月16日の内閣官房TPP政府対策本部の説明会では「数字はかなりミスリーディングなものである」としている。ということは少なくとも「数字」が存在することを認めたことになる。情報を流さずに「ミスリーディング」しているのはどちらか。

は変わらなかったわけです。

　オバマ政府の強硬姿勢の背景には、**11月4日の中間選挙**を控えていることがありました。その中間選挙でオバマ民主党は上下両院で共和党にやぶれました。この時、アメリカのTPPをめぐる状況は大きく変わったといえます。民主党はもともと労働組合をバックにし、とくに自動車労組の支持を受けており、労働の保護の観点からも自由貿易に警戒的であり、環境団体もTPPに反対です。それに対して共和党は農業団体の支持を受けている議員が多く（共和党は中西部農業州で躍進しました）、自由貿易に賛成だとされています。このような布陣は大局的にTPP交渉促進的に作用するといえます。

　上下院で多数を制した共和党の戦略は、次のように考えられます。すなわち、①日本をできる限り妥協に追い込む、②その目途がついたところで大統領にTPAを与えて、さらに思い切った妥協カードを切らせる。その内容は、自動車分野（労組が民主党支持）でアメリカが妥協する代わりに農業分野（団体が共和支持）でのさらなる妥協を日本に迫る。③こうして日本を落としたうえで大統領にTPAを与え、一挙にTPP全体の「大筋合意」を勝ち取る。

　中間選挙後の**11月の北京での交渉**では、「出口がみえてきた」としつつも、知的財産権（新薬データ保護期間、著作権期間等）、国有企業（優遇策の存廃）、環境が難航分野として残されました。いずれも先進国と途上国の対立です。

　11月にアメリカの議会調査局が『TPP交渉と議会の課題』を出しました。そこにはアメリカ側からみたこれまでの経過と評価が述べられています[13]。注目されるのは、①米韓FTAにおける韓国の妥協がよ

---

(13) 東山寛・解題／翻訳「アメリカにおけるTPP交渉と議会の課題」『のびゆく農業』1018号、農政調査委員会、2015年2月。

く引き合いに出されており、米韓FTAの水準を大幅に超えることがめざされていること、②農産物市場の開放をめぐっては日本が鍵を握り、カナダ等へも影響することが強調されていること[14]、③TPPが「生きている協定」(living agreement)、すなわち新規参加国に開かれ、課題に柔軟に対応すること（言い換えればブラックボックス）、です。

2015年2月上旬までの交渉について、2月16日に内閣官房TPP政府対策本部の説明がなされました。そこではTPP交渉は「最終コーナーをまわった」「ゴールが見えてきた」とし、ⓐ知的財産、とくに医薬品のデータ保護期間が最も難航（その他に著作権、地理的表示）、環境、国有企業は峠を越したこと、ⓑISDS（投資家と国家の間の紛争解決）は公共政策目的での規制は対象外であること、ⓒ原産地表示は「累積」という概念が認められ、TPP参加国内での生産はメイド・イン・TPPとして有利な関税率の適用対象になり、域内にサプライチェーンを展開している日本に有利、などが強調されました。

ⓐは2014年秋には難関分野が知的財産、とくに新薬データ保護期間問題に絞られつつあり、交渉が一段と煮詰まったことを示します。ⓑについては、果たしてそう受けとめられるかは後に検討します。ⓒは一般論としてはそうですが、肝心の自動車部品の関税について、この時点ではアメリカは依然として引き下げようとせず、日本の部品製造のアメリカ移転を強要しているといえます。

再び米日2国間交渉へ

以上の多国間交渉の過程では、とくにマレーシアがバイオ新薬デー

---

[14] 10月に選挙を控えたカナダは、未だ関税交渉を本格化させておらず、4月時点でも国別にはマレーシアと並んで最難航とされている（Inside U.S Trade 4月10日号、東山寛訳による）。

タ保護期間や労働（人身売買の禁止）の面で交渉のネックとしてあぶりだされてきました。しかしTPP交渉の行方を左右する最大の要素として各国が注目するのは米日２国間交渉です。

　日本では12月の衆院選で自民党が大勝しました。アメリカ側は、それを、安倍首相がより妥協しやすくなった、と受けとめたでしょう。

　2015年に入り、既に2014年11月にアメリカが主食用米の特別輸入枠を要求していたことが明らかになりました。具体的には主食用17.5万トン、加工用調整品４万トンの要求です。調整品は米を分離抽出できますから、実質的に主食用21.5万トンの要求といえます。それに対して日本側は、ミニマム・アクセス（MA）の内の主食用のSBS方式のアメリカ枠[15]の拡大で対応しようとしましたが、アメリカが「実質的な利益」を要求しているため、MA外の特別枠５万トン程度を設ける意向を示したようです[16]。関連して甘利担当相は「一粒も（輸入米を）増やすな、というのは不可能」と述べました[17]。これはURの時によく使われたセリフです。

　2015年度予算案に畜産・酪農の強化策2,000億円超を計上することとしました。もっぱらTPP妥結に備えての措置だと言えます。

　２月12日、安倍首相は施政方針演説で「最終局面のTPP交渉は、いよいよ出口が見えてまいりました。米国と共に交渉をリードし、早期の交渉妥結を目指します」としました。

---

[15] 現在、MA米は77万トン、うちSBSは10万トン、アメリカの割合はMAの36万トン、SBSの数万トンとされている。日本農業新聞の「MA米輸入の闇」（2015年３月31日〜４月２日）は、アメリカのシェアがぴたり47％になっていることについて興味深い分析をしている。
[16] その後、調製品も含めさらなる追加譲歩をしているという報道もある（日本農業新聞４月27日）。
[17] 読売１月29日、朝日１月31日による。

その後、4月末からの安倍首相の訪米を控えて米日2国間交渉が活発化します。4月には米通商代表部（USTR）が外国貿易障害報告書の2015年版をだし、日本について、①ミニマム・アクセス米が政府在庫となったうえで加工・飼料・援助用に回り、アメリカ産米が消費者に直接にとどかない、②牛肉輸入が30か月齢以下に限定されている、③自動車の安全基準や流通が輸出を阻んでいる、④協同組合共済が金融庁所管をまぬがれている、等を批判しました（日本農業新聞4月3日）。進行中の2国間交渉のテーマに関するアメリカ側の要求リストともいうべきものです。

　4月末の閣僚交渉では、アメリカ側が自動車部品の大半について現行2.5％の関税を10年以内に撤廃する妥協案を提示しました。日本のアメリカへの自動車部品の輸出額は1.2兆円とされています（朝日、4月28日）。水面下で進んでいる交渉の実態は分かりませんが、通商交渉で一方的な妥協・譲歩はあり得ませんので、恐らく日本は農産物についてさらなる妥協をしたのではないかと推測されます。4月22日の自民党の会合で甘利大臣は「再生産可能な状況のなかで、対策を含め（判断される）ということになるかと思う」と発言しています。これは2国間交渉で妥協しても、国内対策でカバーすれば、「再生産可能な状況」になるとして国会決議に反しないと弁明する伏線です。

　安倍首相はアメリカでの議会演説（4月29日）で、TPPの「安全保障上の大きな意義」を強調し、「出口はすぐそこに見えています」としました。2月の「出口が見えてまいりました」に「すぐそこ」が加わったわけです。日本としては、「ゴールのために妥協カードをいくらでも用意していますよ」といわんばかりです。

鍵を握るTPA

　しかし肝心のアメリカでは、議会におけるTPA（大統領貿易促進権限）の扱いが大きく浮上してきました。TPAとは、「米議会が政府に対して一定の手続き等を義務づけつつ、一定期限までに政府が交渉・署名した通商協定について、議会が、協定内容の個々の修正を求めず、迅速な審議によって締結を一括して承認するか不承認とするかのみを決することとすることを定める法律」とされます（外務省「米国・貿易促進権限（TPA）法の概要」2014年1月）。つまり大統領に「議会の迅速な手続き（ファースト・トラック）」を与える法です。

　大統領はTPAを得ていれば、思い切った交渉ができるし、また交渉相手国も、交渉内容をアメリカ議会で覆され、さらなる譲歩を強いられる心配なしに交渉できます。またアメリカ議会としては、交渉を大統領に一任することになるので、事前にTPAで交渉内容を事細かく制限しようとします。しかしその具体的措置は乏しいので、言ってみればアメリカ国内では「大統領にTPAを与えるか否か」が通商交渉を決定的に左右することになります。

　TPAは1975年に始まり、これまでの大型の通商交渉は全てTPAを前提としていますが、最後の2002年超党派貿易促進権限法は2007年に失効していました。それに対して2014年1月に新法が超党派で議会に提出されましたが、議会終了とともに廃案になりました[18]。ついで2015年TPA法案が4月16日に議会に提出され5月13日には上院での審議入りを否決されたものの、翌日には為替条項法と切り離して審議されることになりました。

　既に2014年法案には、サービス貿易協定、デジタル貿易の促進、動植物貿易措置の強化、地理的表示の牽制、投資障壁の除去、労働基準

---

[18] 全中『国際農業・食料レター』176号、2014年7月。

の順守、現地化強制の牽制など、TPPのほとんど全事項に関する細かなダメ押しが入っています。とくに為替操作の防止が新たに入り、議員の協定条文の閲覧権限も強調されました。

　閲覧権限については、アメリカ政府が議員に条文案開示の方針を打ち出したことが報道されました（日本農業新聞2015年4月2日）。アメリカがそうするなら、他の参加国もそうしてしかるべきですが、日本は1か月遅れの5月4日に、ワシントンで担当副大臣が条文案を国会議員に開示すると言明しました。しかし5月8日には本人がそれを取り消しました。官邸筋に叱責されての「ドタキャン劇」、アメリカで言ったことを本国政府が取り消す失態です。これでは国としての交渉能力を疑われますし、よほど国民に不利なことが書かれていると推測されます。アメリカのような強い法的守秘義務が無いことが理由ですが、無いのは国の主体性です。

　為替問題については、アメリカが輸出不振のなかで数年来くすぶっており、とくに日本がアベノミクスの異次元金融緩和で円安誘導していることが問題とされていますが、2015年2月には為替問題対応に関する法案が超党派で上下院に提出され、「全米的・全産業的な話題になりつつある」[19]とされています。

　2015年法案には、加えて、①人権の促進（マレーシアがターゲットにされています）、②議員のみならずスタッフにも交渉文書へのアクセス権を認める、③署名の60日前に貿易協定を公開する、④「下院または上院により、貿易協定がTPAの内容を満たしていないと判断された場合に、迅速な手続き（ファースト・トラックのこと）を適用しない新たな仕組みを設ける」（「否認決議」）等が入りました（2014年法

---

[19] 首藤信彦、前掲論文。

案では両院での成立が必要）。

　アメリカの養豚、酪農・乳製品、小麦等の団体がTPA法案の早期可決を求め、それに対して民主党を支持する労働組合・環境保護団体等はTPAの早期成立に反対しており、TPA法案の行方は定かではありません。先の2015年法案の④は、上下院いずれかの反対で否認できるもので、反対派がTPAを受け入れやすくするためのものとされています。前述のように上院は審議入りするものの、とくに下院では難航が予想されています。

　以上から、TPPの行方はアメリカにおけるTPAの行方、要するにアメリカの国内事情にかかっていることになります。言い換えればTPAが可決されれば、後はTPP交渉は一瀉千里ということです。アメリカは2016年に大統領選を控え、2015年中のTPP決着を求めており、それには2015年春が大筋合意のタイムリミットだとされています[20]。日米交渉がし烈になされているかの報道ですが、このような文脈においてみれば、それはTPA法が可決されるまでの時間稼ぎに過ぎません。アメリカとしては日本に対して非妥協的な姿勢をアピールすることがTPA法案を通しやすくするという関係にあります。

米日政府にとってのTPPの戦略的意義

　このようにTPP交渉は、TPAの成立如何によっては「時間切れ」「漂流」の可能性ももっています。しかし米日政府（支配層）にとってのTPPの世界戦略的な重要性は強まるばかりです。

　オバマ大統領は2009年11月に訪日した時に、アメリカが「アジア太平洋国家」であることを強調し、同地域へのリバランス（再均衡）戦

---

(20) 全中「米国のTPAの行方と今後のTPP交渉について（後編）」『国際農業・食料レター』180号、2015年3月。

略を基本としました。当時は、アメリカは中国包囲作戦と「中国と手を握る」作戦の両方をとることが強調されていました。TPPについても、例えばキャンベル国務次官補は「米日関係を活性化し強化するために最も役立つのは、対話の強化ではなく、安全保障問題に一層の重点を置くことでもない。両国の経済関係をより開放し、競争と連携にさらすことだ」（朝日新聞2013年2月9日）と、あくまで通商交渉としてのTPPを強調していました。

　しかしその姿勢はここにきて変化しました。それにはウクライナ問題等での東西対立の激化も背景にあるでしょうが、中国の軍事的・経済的台頭が急速に強まったことが作用しています。中国は、FTAAP（アジア太平洋自由貿易圏）の主導権を握るべく、2015年3月の全人代で陸と海のシルクロード・「一帯一路」経済圏構想を打ち出しました。またアメリカ主導の国際金融秩序にチャレンジするアジアインフラ投資銀行（AIIB）の設立を主導し、G7の英独仏伊をはじめ57カ国の参加決定を見ています。不参加は米日のほか、カナダ、台湾、アフガニスタン、その他の島嶼国等に限られています。AIIBはこれまでのアメリカ主導のIMFルール等に対する中国の新たな金融ルール作りの挑戦です。

　このようななかで、TPPが、中国の台頭を押し返す「リバランス政策の柱」（朝日新聞4月29日）にされ、カーター米国防長官はTPPは戦略的に「空母と同じくらい重要」と発言するに至りました（同、4月12日）。

　2014年4月の日米首脳会談でも日米同盟とTPPがメインテーマで

---

(21) 新ガイドラインは、日米安保条約の対象を「アジア太平洋地域及びそれを越えた地域」と地球規模に拡大するもので、極東に範囲を限定した日米安保条約を無視するものであり、集団的自衛権行使容認が憲法を無視したのと同様である。

した。そして2015年4月末の安倍訪米による「新たな日米防衛協力のための指針（新ガイドライン）」の合意[21]と「日米がTPP交渉をリードしていく」ことが確認されました。つまりTPPと対中国軍事同盟強化はペアなのです。まさにTPPの「経済軍事同盟」（日本農業新聞4月6日社説）化です。

　アメリカが、アジア太平洋地域での中国との覇権争い百年戦争を戦い抜くためには、第一に、同地域での軍事同盟を強化しつつアメリカの肩代わりをさせること、第二に、親米経済圏としてのTPPを構築しつつ、それを橋頭堡としてアメリカンスタンダートのグローバルスタンダード化を図ることです[22]。「世界で最も成長が速いアジア太平洋でルールをつくるのは中国ではなく米国だ」とオバマ大統領は繰り返し強調しています。今日のグローバル経済ではグローバルスタンダードを制するものが経済を制することになります。その点でアメリカの焦りはAIIBで一挙に強まったと言えます。米日はAIIB不参加で、TPPに失敗したら後が無い状況に自らを追い込みました。

　しかしアメリカのTPP戦略はそれだけではありません。対中国覇権争いを戦い抜くには何よりもまずアメリカ自身が経済力をつけることが大切というむき出しの国益追求、アメリカ原籍の多国籍企業の私益追求です。アメリカに都合がいいグローバルスタンダードづくりは、その土台づくりではありますが、即効力に欠けます。即効力があるのは、TPP交渉を利用しつつ、TPP参加国の経済を食い物にし、そこから吸血することです。

　それはグローバルスタンダードのルールづくりどころか、グローバルスタンダードに反する個別国利害の追求です。その最大の対象がTPP国内でアメリカに次ぐ経済力をもつ日本です。そこで日本には特

---

[22] 金子勝『資本主義の克服』（前掲）、第3章。

別に米日二国間交渉を強要したわけです。日本としてはアメリカのバイの交渉に手をやいてきたからWTOやFTAでも多国間のTPPに飛びついたわけですが、日米バイの交渉から逃げられなかった。

　その象徴が、WTOにおけるMAの外枠としてのアメリカ産主食用米の別枠要求です。TPPでは関税交渉はバイとされていますが、特定国の輸入枠設定はTPPの趣旨に反します。アメリカとしてはグローバルスタンダードとしての日本のコメの関税撤廃からは長期の利益は得られない。ベトナム等がコメ供給国として台頭してきます。そこで個別のアメリカ輸入枠を設定する方が国益にかなうわけです。

　以上ではアメリカ政府にとってのTPPの戦略的意義をみてきましたが、かたや日本政府はどうか。日本は、2010年に民主党政権の菅内閣がTPP参加を打ち出した時から、TPPについては二つの見方をしてきました。第一は、TPPを成長戦略の柱に据えることです。第二は、TPPを安全保障問題にからめる捉え方です[23]。

　これらは安倍政権に引き継がれ、TPPはアベノミクス経済戦略の柱に据えられました。実際に安倍首相がTPP参加に踏み切った2013年3月の政府統一試算でもTPPにより輸出より輸入が増える計算でしたが、日本がTPPに求めるのは貿易国家よりも投資国家のそれです。すなわち日本の貿易収支は赤字化していますが、所得収支（海外投資からの純所得）は黒字です。投資国家としてのルール作りという点では日米の利害は一致しています。またTPPは国内の「岩盤規制」を打破する外圧としても利用できます。

　第二の安全保障問題については、安倍首相はアメリカ議会演説（2015年4月29日）で、「TPPには、単なる経済的利益を超えた、長期的な、安全保障上の大きな意義があることを、忘れてはなりません」

---

[23] 拙編著『TPP問題の新局面』大月書店、2012年、序章。

としました。

　このように米日政府にとってはTPP妥結はゆるぎない方針、というよりそれしかない選択です。国際情勢のなかでますます米日政府は自らをTPPに追いやっています。2014年11月、北京でのTPP交渉が不調に終わるなか、日本抜きの米韓FTAが大筋合意に達し、安倍首相を焦らせました。そしてAIIBをめぐる米日の孤立です。

国民にとってのTPP

　とくに米日2国間交渉では、アメリカ政府は安全保障は当然のこととして、経済的利益をむき出しに要求していますが、日本政府はそれを安全保障面で受けとめようとする。日本国民はほんとうにそれでいいのか。そこでTPPが及ぼす影響を確認したいと思います。

　アメリカ農務省（USDA）は2014年10月に「農業におけるTPP」のレポートを発表し、そのなかで「日本の食料産業とTPP」について詳細に触れています。関税撤廃と関税割当制度の廃止により、①日本の輸入増大はとくにコメ、牛肉、酪農部門で大きく、TPP参加国間での農産物輸入の増大の68％は日本で起き、②かつアメリカの輸出業者が最も多くを獲得するが、③にもかかわらず日本農業に与える影響は小さく、部門によっては低価格化による消費拡大も起こるとして、**表2**で日本政府試算と対比しています。

　日米とも関税全廃を前提していますが、生産量の減少率は一桁違い、アメリカのそれは輸入額の増加率と比較しても全く頷けないものです。アメリカの情報誌によると[24]、担当者は、牛肉については乳オス肉との競合のみで、和牛との競合を想定しておらず（スーパーでは和牛

---

(24) "Inside U.S. Trade" からの東山寛訳を参照した。

表2　関税撤廃による日本の生産量減少率と輸入額増加率

単位：％

品目	生産量減少率 日本政府試算	生産量減少率 米農務省試算	輸入額増加率 （米農務省）
米	32	3	111
小麦	99	32	14
鶏肉	20	1	2
牛肉	68	15	31
豚肉	70	1	3
砂糖	100	2	9
酪農製品	45	3〜35 注1	5〜52 注2

注：1．チーズ等は3％、脱脂粉乳13％、バター35％
　　2．チーズ5％、脱脂粉乳41％、バター52％
　　3．米農務省ERS『日本の農業・食料部門とTPP』（2014年10月）の表4、5から一部の品目を除き引用。

肉とオージー肉が棚の上下に並べられている）、豚肉については日本の差額関税制度の撤廃を想定せず（いずれの価格帯の関税も大幅に下がる）、コメについては日本の短粒種選好、アメリカやベトナムの長粒種生産を前提しています（とくにベトナムは短粒種生産に切り替える）。これらの前提条件はカッコ内に記したようにいずれも妥当とは言えず、全体として「アメリカの獲得を最大に、日本への影響を最小に」みつもる都合のいい試算だといえます。

　日本政府の試算結果はより厳しいですが、それも単品ごとの影響試算に過ぎず、作目間の波及効果を視野に入れていません。いまどの地域でも稲作の将来に見切りをつけて園芸作、野菜作等へのシフトに必死です。30〜40万トンの持ち越し在庫が大幅な米価下落を招いているなかで[25]、コメの関税撤廃はしないにしても、5〜20万トンの米国産主食米輸入は関税撤廃と変わらない水準まで米価を引き下げ、園芸等への生産シフトとシフト先での過当競争・過剰を引き起こすでしょ

[25] 熊野孝文「どうなる今後のコメ産業」『月刊NOSAI』2015年3月号。

う。
　日本では以上の農業分野のみが注目されがちですが、TPPの真の狙いは物品以外のサービス貿易、知的財産権、政府調達等の非関税障壁、そしてISDS（投資家と国家の紛争解決）にあります。
　ISDSについては、先に日本の交渉官は、「公共政策目的での規制は対象外」としているとしました。その点について、2015年3月25日にリークされたTPP投資章に対してアメリカのNPOパブリック・シチズンが即日批判し、「TPPの環境・保健（health）・その他の規制」は過去のアメリカの条約からのコピーに過ぎず、そこでは加盟国政府の公共利益保護は、「条約が外国人投資家に与えた包括的な権利を犯さない限りで」のみ認められているとしています。つまり「公共政策目的での規制は対象外」ではなく、政府が環境や国民の健康を守るための公共政策（規制）よりも外国人投資家の利益が優先されているわけです(26)。
　また知的財産権における新薬データの保護期間をめぐり、原則5〜8年のところ(27)、米日が原則8年、バイオ医薬品については12年を主張し、その他10カ国なかんずくマレーシア等の途上国は期間延長に反対するという深刻な対立があります。新薬を開発する能力は米日しか持たず、その開発にかかる膨大なコスト(28)を回収するために保護期間を長くすることは、米日製薬業界の利益にはなりますが、そのためにジェネリック薬品を使えなくなるTPP参加国全ての国民にとっ

---

(26) 磯田宏「TPP交渉の現局面」農業・農協問題研究所第82回研究例会報告（2015年4月4日）。
(27) 日本、カナダは原則8年、その他は原則5年（アメリカはバイオ医薬品は12年）（朝日新聞4月24日）。
(28) 「日本の製薬市場は7兆〜8兆円規模で、新薬の開発には1つの製品につき200億〜1千億円かかる」（同上）。

てはマイナスになり、各国の公的医療保険制度にも響きます。

　TPP交渉では「国益」がぶつかっているような受け取り方がありますが、真の対立は〈多国籍企業の利益vs.諸国民の不利益〉です。製薬資本がデータ期間延長でもうけた利益を国民に還元してくれるわけではありません。還元してくれても、それで失われた健康を買い戻せるわけではありません。

TPPの行方

　前述のようにTPP交渉は「ゴールが見えた」とされていますが、それは政府間交渉としてのTPPであって、即TPPそのものの成立とは言えません。そうでない一半はアメリカにおけるTPAをめぐるせめぎあいにみた通りです。また先進国（米日）と途上国等との間で知的財産権（新薬データ保護期間）、国有企業等をめぐり深刻な対立が残されています。

　しかるにアメリカ国内から深刻なTPP反対の声があがるなかで、日本のそれは弱い。その日本がアメリカと妥協してしまったら、他の参加国の抵抗にも限りがあるといえます。TPPの行方はアメリカ国内からの反対と、日本の国内からの反対の声の弱さが鍵をにぎっています。

　日本国民としてはもう一つ問題があります。それは先に強調したように日本はTPP交渉と平行して米日２国間交渉していることです。米日の懸案事項はことごとく２国間交渉に委ねられています。日本にとっての固有のTPP交渉は、非関税障壁に係るグローバルスタンダードづくりであり、その点では日米の利害は一致し、その他の多くの参加国と対立しています。

　そこでTPPが不成立に追い込まれたとしても、では米日２国間交渉

---

(29) 首藤信彦・前掲論文。

の到達点も御破算になるでしょうか。アメリカはそうさせないために敢えて２国間交渉を提起したはずです。TPPはマルチの交渉とはいえ、２国間交渉の束でしかないともいえます[29]。全体の束がばらけた場合も、一つ一つの２国間交渉の結果は残る。とくに日本はそうです。日本は、安全保障体制や経済における対米従属性を根本的に見直さない限り、重い枷を負い続けることになるでしょう。

　これまで農協陣営がTPP反対の先頭にたってきました。TPPと次章にみる農協「改革」の関連は三重です。第一に、TPP反対という「政治活動」をする農協系統なかんずくその頂点に立つ全国農業協同組合中央会（全中）を、その資金源もろともに排除することです。農協陣営が、このような農協攻撃に屈してTPPに対して沈黙、あるいは国民と連携して戦う道を放棄すれば、TPPは「上がり」といえます。第二に、TPPは米の関税撤廃により生産調整政策を無効にする（海外から安い米が輸入されれば生産調整は無意味になる）。そのことは生産調整政策の遂行に不可欠だった農協を御用済みにします。第三に、TPPによる安い輸入農産物と競争するには「強い農業」をつくるしかないということで、そのために農協という「岩盤規制」を取り払い、農協を担い手経営へのサービス事業に特化させることです。

　こういうなかで、農協陣営は、2013年のTPP参加決定あたりから国民連帯よりも農協陣営内の反対運動にこもりがちで、それが農協「改革」攻撃により強まりました。そしてさらなる農協攻撃が続くなかで、農協陣営は内向きの「自己改革」に専念することを余儀なくされ、そのことが「自己改革」を袋小路に追い込みます。

　それを跳ね返すためにも国民連帯・諸国民連帯の反対運動の盛り上がりが不可欠です。とくにTPPが諸国民の利益に反することのアピールが大切です。

3．農協「改革」の第一ラウンド

はじめに

　この間の農協「改革」についてはその都度トレースしてきました[30]。2015年3月には農協法改正案が固まり、現状では残念ながら法案が大幅修正等される見通しにはありません。その意味で第一ラウンドが終わったといえます。

　「これで農協改革問題が終わった」という受けとめもありますが、とんでもありません。財界や官邸は「今後5年間を農協改革集中推進期間」として、彼らの掲げる全てのメニューを実現する腹です。これは長い戦いの第一ラウンドに過ぎません。そこで農協陣営は敗北を喫し、全中の会長・専務は辞任することになりました。しかしそういう人事問題で第一ラウンドの幕を引くわけにはいきません。これからの長い戦いを戦い抜くためにも、第一ラウンドの敗北の経過をきちんと検証し、運動を総括し、克服すべき課題を明確にしていく必要があります。農協系統は2015年秋に第27回JA全国大会を控えています。当面はそれが一つの山になるでしょう。

　本章では前半で第一ラウンドを振り返り、後半では農協法改正案を検討することにします。

---

(30)拙著『戦後レジームからの脱却農政』筑波書房、2014年10月、同『農協・農委「解体」攻撃をめぐる7つの論点』筑波書房ブックレット、2014年12月、拙稿「農協『改革』　政治と市場の暴走を阻止する"協同"の解体」『世界』2015年4月号。

第一ラウンドの経過

　2015年の年明けから農協「改革」をめぐる動きがにわかに激しくなってきました。それは2月12日の首相の施政方針演説、それに向けての改正法案の閣議決定をタイムリミットとして、その前に全中を屈服させるという堅い意思と、1月20日から自民党内での議論が開始されたことがきっかけです。

　その直前に佐賀県知事選で、官邸の推す候補が負け、農協陣営も応援した候補が勝つという事態がありました[31]。「首相周辺は佐賀県知事選の敗北を機に『首相の（農協「改革」への）思い入れが一段と強まった』と党幹部に伝える」、官房長官も「『選挙活動ばかりやっている農協の改革は徹底的にやった方がいい』。JA全中への首相官邸の『宣戦布告』と受け止められた」（日経2月10日）。自民党内の議論は、「改革」賛成派の動員にもかかわらず、大勢は「改革」に対する疑問、慎重姿勢でした。

　1月31日の自民党の会合には農水省の法改正の方針が出されました。それは、①理事の過半数を認定農業者と農産物販売・経営のプロにする、②「営利を目的として事業を行ってはならない」という非営利規定を「利益を上げて投資と利用高配当に充てる」に変える。③専属利用契約、回転出資制度は廃止、④単協の組織分割、組織の一部は株式会社・生協等に転換「できる」。⑤全農・経済連は株式会社に「できる」。⑥厚生連は社会医療法人に移行「できる」。⑦中金・県信連・全共連の株式会社化は金融庁と中長期的に検討、を掲げました。

　そしてⓐ准組合員利用の規制、ⓑ中央会の扱いについては、「政府内部で検討中」としました。以降、①～⑦はほぼ既定方針として扱わ

---

(31)拙稿「佐賀県知事選と農協『改革』」農業協同組合新聞2015年1月20日号。

れ、ⓐとⓑについては農協系統が二者択一を迫られ、袋小路に追い込まれる状況が一挙につくりだされました。

「政府関係者は、『改革の本丸は監査権の廃止だ。利用制限案は、全中に廃止を飲ませるための材料でもある』と話す」(読売新聞2月4日)とあります。だとすると、「二者択一」は正確ではなく、「准組合員利用制限を人質に取った全中潰し」です。

そして2月5日に開かれた全中理事会で「全中の監査権の廃止は受け入れる代わりに、組合員の利用条件などについては見直さないようもとめる意見が多く出た」。また同日の都道府県中央会長会議で「『利用制限だけは避けるべきだ』との意見が多数を占めた。全中の法的位置付けなどについてはほとんど議論にならなかった」(朝日新聞2月7日)とされています(32)。

このような経過を経て、2月8日夜に全中が最終的に折れ、翌2月9日の自民党の農林関係合同会議は、農水省の「与党とりまとめを踏まえた法制度等の骨格(案)」を了承しました。案では先にペンディングされていたⓐとⓑは、「別紙」で、ⓐについてはイ貯金量200億円以上の農協には公認会計士監査を義務付ける。全中は全国監査機構を外出しして監査法人を新設、農協は当該法人または一般の監査法人の監査を受ける選択制にする。ロ業務監査は「コンサル」として、受けるか否かは農協の任意にする。ハ県中は連合会に移行する。全中は一般社団法人にする。県中も全中も「中央会」を名乗ることはできる、です。

ⓑについては「5年間正組合員及び准組合員の利用実態並びに農協

---

(32) 会長会議でも、全中専務は「(検討案を)容認するような声はなかった」(日本農業新聞2月6日)。しかし「声はなかった」というのは、この期に及んでは黙認と取らざるを得ない。

改革の実行状況の調査を行い、慎重に決定する」と５年執行猶予になりました。

　以上に対して全中は２月９日「『農協改革』に関する法制度等の骨格案への対応について」をだし、「２月５日の全中理事会・全国会長会議で確認した『JAグループの考え』におおむね沿うものになったことから、組織として受け入れる」として、「①准組合員の利用規制は、**組織から最も意見が多いこと**をふまえ、**最重点事項として協議**し、法規制の導入を阻止することができた。／②JA監査機構を公認会計士法の監査法人にすることは、懸念する実務上の問題やJAの負担の問題について、今後、法律等において必要な対応がはかられる旨を確保できた。／③中央会については、自己改革でまとめた機能を担う新たな組織として、農協法上に位置づけることができた」（ゴチは筆者）としました。

　４月７日、全中会長はじめ全国連トップは首相官邸を訪れ握手しました。新聞には首相の笑顔と萬歳全中会長のニコリともしない顔が映し出されました。翌々日、萬歳会長が辞任を表明し、第一ラウンドの実質的な終わりを告げました。

　関連報道で最も鋭かったのは日経新聞です。まず７日の首相との握手を「JA全中が『抵抗勢力』の旗を降ろした瞬間だった」とし、会長辞任については「首相が進める規制改革に抵抗する『岩盤』の象徴だった万歳会長の辞任」であり、「JA全中の『解体』を招いた引責辞任という面もある。自らの首を差し出すことで、安倍政権との手打ちを図る意図もにじむ」とし、それは「戦後から最近までずっと続いてきた農業と農政の終焉だ」（吉田忠則編集委員）と歴史的に位置づけました。また自民党幹部には（農協「改革」に不満をもつ）「今の万歳体制で選挙ができるか」とする声があり、TPP反対についても「政府・

与党に外から圧力を掛ける旧来の手法を弱めると見られる」としています（日経4月10日）。

要するに、農協を集票基盤として体制内に取り込み、農林族を育て、「農協コーポラティズム」による政策決定を通じて、それなりに農村部にも所得再配分機能を果たしてきた、そういうこれまでの自民党のあり方から訣別する、安倍首相の「戦後レジームからの脱却」イデオロギーの具現です。

経過をどうみるか

以上の経過から明らかなのは、第一に、二者択一論への追い込みの仕掛け人が、官邸とその意向を受けた農水省だということです。自民党内の議論では疑問や反対が相次ぎましたが、結局は押し切られて、ガス抜きに終わったと言えます。

第二に、全中は、総審「中間とりまとめ」を受けた2014年11月の「JAグループの自己改革について」ではなく、2015年2月5日の全中理事会等の決定が判断基準だったことです。

第三に、農協系統としては、准組合員利用制限が最大の問題だったこと、その前には全中存続の影は薄かったこと、極端に言えば「全中存続にこだわったら准組が危なくなる」と農協内部から全中切り捨て（邪魔）論が強まったことです。

以上の三点について考察しますと、経済団体としての農協にとって准組合員の利用制限は死活問題です。単協だけでなく、県連合会、全国連も同様です。全中を守るか自分を守るかの選択を迫られれば、自分を守るしかありません。

全中理事会にしても、その構成は、全国連の会長といくつかの県中の会長、そして全中の職員あがりの学経理事からなります。学経理事

を除けば全て経済団体としての単協・事業連合会の代表なのです。全中会長もまた単協・県中のトップです。

ではありますが、先の萬歳会長の辞任には、経済団体としての農協系統のなかで、事業を営まず、代表・調整機能を担当する政治政策団体としての全中が孤立させられたことへの無念があるとみるべきです。もしそうなら2月5日の全中理事会で辞任表明すべきだったといえますが、それはまたそれで任務放棄と非難されたでしょう。

農協系統は全中を切って実利（准組合員利用）を守ったつもりでしょうが、全中なくして実利を守り切れるでしょうか。その筋には「浅瀬で救って深みで殺す」という言葉があります。

二者択一論は、カモフラージュの罠でもあります。ⓐかⓑかの二者択一に追い込むことにより、1月31日の論点①〜⑦がフリーパスになってしまいました。論点①〜⑦をカモフラージュするための二者択一論でもあったのです。

敗因の総括を

これからの長い戦いを見据えると、ここで緒戦における敗北を総括し、敗因を克服していく必要があります。

第一に、農協は政治団体ではありません。あくまで経済団体です。それが農協運動の延長として政治的な運動体を兼ねねばならないところに苦しい現実があります。そこには経済団体として実利を優先しなければならない弱みが絶えずつきまといます。それが今回は准組合員利用規制問題としてモロに出ました。

そのような経済事業体としての弱みを利用されないための唯一の手立ては、内部の団結であり、分断に乗らないことです。しかしながら、今回はそれができなかった。第一ラウンドの最大の敗因は農協系統が

一枚岩になれず、分断を許したことです。分断の楔は、全国事業連と中央会の間、全中と県中の間に打ち込まれました。前者については、例えば「全農は、自らの経営の自由度が高まるため改革に前向きとされるなど、グループ内に温度差もある」(読売新聞、1月17日)とも言われます。後者については「農協法上の全中の廃止」の項で見ます。単協は連合会等に役員を送り込んでいるものを除けば、組織的に十分に意見を述べる機会もないまま、蚊帳の外に置かれたと言えます。その意味では単協と中央会の間も分断をされました。

第二に、相手の正体、本当の仕掛け人が誰かを見ぬいていたでしょうか。当初は規制改革会議が前面にでたので、財界の意向と思われました。確かに根底には財界の意向がありますが、規制改革会議自体は誰かの書いた筋書きの上で踊ったといえます。

恐らく運動していくなかで、農水省が、農地中間管理機構の時のように規制改革会議等と一線を画しているわけではない、官邸に直結しており、自民党しか頼るものがない、それも実は官邸と言う最高権力の前に頼り切れない。最高権力との対決と言う点で腰が据わっていたかが問われます。そこには次に見る体制内圧力団体としての甘さがありました。

第三に、運動のスタイルです。第1章でみたように農協系統は長らく体制内圧力団体として自らを位置づけ、ふるまってきました。今回の問題に対しても、これまでの延長で従来型の対応しかできなかったのではないでしょうか。全中など全国レベルが攻撃対象になって動きづらい中で、地域・単協からの声を全国に結集し、その力をバックに政府に対峙すべきだったのですが、せいぜい自民党のセンセー方への組合長レベルの陳情に終わった。2014年暮の衆院選でも農協陣営の自民党支持の大勢は変わりませんでした。これでは農協を応援したい人

も首をかしげるでしょう。また地域では「これは中央会の問題だ」と他人事視する傾向が最後までぬぐえませんでした。自分の問題であることに気づく、気づかされるのがあまりに遅すぎたと言えます。自民党「幹事長会議後の懇親会では、党幹部のもとに（農協）県連幹部が歩み寄り、『JAに何か言ってこいと言われて……』と釈明する姿が見られた」（読売新聞2月10日）。

　グローバリゼーションの時代、体制内圧力団体という存在や運動スタイルは無効になった。全中自体が体制から切られることにより、そのことを深く自覚し、組織としての迅速な意思疎通と堅い合意形成、そして国民に直接に訴えるスタイルへの転換が必要です。問題を責任問題等に矮小化してはならないと思います。

　第二、第三の点は司令塔としての全中の責任でもありますが、第一の点は農協系統全体、とくに全国事業連の責任であり、全中や萬歳会長に責任をかぶせて終わりにしたら農協の命取りです。

　以上で経過の検討を終え、以下では、農協法改正案の内容をみていきます[33]。

農協法改正案は新基本法を踏まえているか

　農協法改正案は「60年ぶりの農協改革」を標榜するにもかかわらず、第1条の目的規定は変えません。日本の農業法制は、農業の基本法が農業基本法から食料・農業・農村基本法に変更された経緯を踏まえず、20世紀段階にとどまっているものが多いといえます。例えば農地法は農業なかんずく農地の多面的機能が強調される時代に、依然として農業生産手段としての農地にのみ着目しています。農協法も同様である

---

[33] 注30の文献で農協「改革」の本質を論じたので、本章では改正案に即した検討に絞る。

ことが、第1条の目的規定をいじらない点に現れています。

　現行法では「農業者の協同組織の発達を促進することにより、農業生産力の増進及び農業者の経済的社会的地位の向上を図り、もって国民経済の発展に寄与することを目的」としています。これは農業基本法の「農業の発展と農業従事者の地位の向上を図る」という目的規定と同様です。

　しかるに新基本法は「食料・農業及び農村に関する施策を総合的かつ計画的に推進し、もって国民生活の安定向上及び国民経済の健全な発展を図る」としています。農業・農業者だけでなく食料と農村、「国民経済の発展」だけでなく「国民生活の安定向上」が視野に入れられています。新基本法は次いで食料の安定供給、多面的機能の発揮、農業の持続的発展、農村の振興と目的をより具体的に規定しています。

　このような新基本法の世界に即して農協がどうあるべきかを考えれば、当然に農業の持続的発展のみならず、食料の安定供給、多面的機能の発揮、農村の振興にも寄与するものでなければなりません。とくに多面的機能の発揮や農村の振興、国民生活の安定向上を考えれば、准組合員のみならず広く農村住民に開かれた組織であるべきです。「地域社会（コミュニティ）への関与」はICA（国際協同組合連盟）の協同組合新原則（1995年）でもあります。「農業者の協同組織」という職能規定に手を付けない今回の改正案は、20世紀の古い「日本を取り戻す」というアナクロニズム（歴史錯誤）に陥っています。

准組合員利用規制は見送られたが……

　准組合員利用規制については、農協「改革」の当初から規制改革会議は正組合員の1/2以下とし、農水省も法案作成過程で正組合員の利用量まで（100分の100）と規制する案でした。しかし現実には農協法

は、農協を「農業者の協同組織」すなわち職能組織と規定しつつも、事業面（第10条）では、農業関連のみならず生活、信用、共済、医療、福祉、文化等の広範な分野を含んでいます。これらの事業は農業者という職能だけに限定されない、広く地域住民の用に供されるべき公共性（みんなのために開かれている）をもちます。それを踏まえて現行法は農協の地区内に住む個人や農業の事業・施設を利用する者を准組合員として認め、員外利用も一定割合まで認めています。それは兼業農家が多いこと、農村が混住社会であるといった歴史的経緯と実態を踏まえた現実的な対応だと言えます。

しかるに規制改革会議や農水省は、農協が准組合員対応に注力しているから本来の正組合員向けの農業関係事業が疎かになり、「強い農業づくり」「農家所得の向上」を阻害しているとして、准組合員利用規制の強化を打ち出しました。

しかし、第一に、現実には北海道等、農業的に頑張っている地域で准組合員が多いことに鑑みても、准組合員利用が正組合員への奉仕を妨げているとはいえません。第二に、准組合員利用を規制をしたら信用・共済事業等の事業量やそこでの剰余が減り、肝心の「強い農業づくり」の原資が枯渇してしまいます。単協の経常利益＝100とすると、部門別損益は信用99.6、共済60.2、農業関連▲7.8、生活▲8.5、営農指導▲43.5です（2012年）。つまり農業・生活・営農指導事業の赤字を共済で補い、信用事業利益がそのまま総利益に計上される関係です。例えば直売所の手数料は15％程度ですが、経済事業のそれは2～3％です。農業部門を黒字にするために手数料を引き上げればいいわけですが、そんなことをすれば「農家所得の増大」に逆行するだけであり、農協としても競合との競争に負けてしまいます。

以上の点で官邸農政の農協「改革」案は全く非現実的です。現実に

は組合員に占める准組合員の割合は平均して54％に高まっています。ある都市近郊農協の信用事業を例にとってみますと、総貯金額は2,000億円強、内訳は概ね正組750億円、准組900億円、員外400億円です。仮に准組利用が正組の1/2に制限されれば375億円が限度になり、525億円を返上することになります。そうすると総貯金額が減るので、その25％に制限されている員外利用も減らさざるを得ず、全体で約30％の減になります。農水省案のように正組合員の利用量を上限とすれば150億円を返すことになり、員外利用も25億円の返上で、合わせて9％程度の事業量減になります。

　同様のことが貯金だけでなく共済（保険）等あらゆる事業分野に及び、連動して県連、全国連（農林中金、全共連、全農）の事業量も減ります。

　このような経済団体としての農協のいわばアキレス腱を攻める形で、前述のように全中をとるか准組利用を取るかの二者択一を迫ったわけです。実際は全中を潰すための見せ球ではありましたが、准組の存在は農協の職能組織純化という農協「改革」の建前・ゴールに反しますので、改正案は附則の第51条で、准組合員利用規制の在り方について5年間、正組合員・准組合員の事業利用状況、改革の実施状況について調査し、結論を得るとしました。

　しかし「事業利用状況」をいくら調査しても、以上の経緯に照らせば、そこから特定の結論を引き出せるわけではありませんから、附則のポイントは「改革の実施状況について調査し、結論を得る」点にあります。すなわち農協「改革」が思うように進まなかったら、その責任はあげて農協にある、なかんずく准組合員サービスにあるとして、准組合員利用規制の脅しをちらつかせ続けることです。農協陣営としては准組利用を人質にとられた状況に追い込まれます。要するに准組

利用制限は、第一に全中潰しの道具として、第二に長期にわたる農協「改革」への強いプレッシャーとなるよう位置づけられているわけです。

なお准組の利用制限問題と農協監査の公認会計士監査移行問題との間には因果関係があるという見解も示されていますが、その点は監査の項でみることにします。

農協法上の全中の廃止

法改正案を要約すれば、①県中を連合会に、全中を一般社団法人にする、②両者とも「中央会」を名乗ることができる、③県中は相談、監査、意見代表、総合調整等の機能をもつ、④全中は意見代表、総合調整等ができる（附則12、18、21、26条）、です。

「JAグループの自己改革」（2014年11月）は、自らの機能として、経営相談・監査、代表機能、総合調整機能をあげ、そういう機能を担う中央会を「農協法上に措置する必要」があるとしていました。このうち、全中については経営相談・監査機能が奪われたことになります。

「農協法上に措置」については、現行農協法の第3章（中央会）は全面削除されました。その意味では中央会は農協法の世界から抹消されました。首相も先の施政方針演説で「農協法に基づく現行の中央会制度を廃止し」と明言しました。そのうえで附則で、「2016年4月の新農協法の施行時に3.5年後まで存続を許された中央会」という形で「中央会」の文言をこっそり復活させ、その連合会化、一般社団法人化につなげたわけです。

しかし本来、法の附則は、移行規定や配慮規定を置くものであり、そこで新たな組織を組成するのは、いわば裏口入学の法認のようなものです。現行中央会は、（中央会への参加の如何にかかわりなく）組合の指導権限をもつ点で準公共団体であり、超系統組織でした。それ

が一挙に系統未満の組織に抑え込まれたわけです。

　県中は連合会として認めるが、全中は一般社団法人という規定も、〈単協（農協）―県中（農協）―全中（非農協）〉という木に竹を接いだものであり、全く整合性をもたず、統一地方選を控えて県中は連合会として残すが、全中は系統から外すという政治の論理以外のなにものでもありません[34]。

　協同組合は自らの足らざるところを補完する連合会を設立する必要性とそれ故の権利をもっており、法といえどもそれを奪うことはできません。法ができるのは設立された連合会が協同組合組織としての適格性をもつものとして法認しうるかどうかだけです。しかし全中についてそういう検討をはじめから放棄しています。これは法の無法化です。

　現行農協法では県中は全中に当然加入とされていますが、その理由は「全国的統一活動を可能ならしめ」るためでした（1954年農協法改正案の政府提案理由）。当然加入は協同組合の加入脱退自由の原則に反しますが、だからといって一挙に任意加入の一般社団法人化するのでは、「全国的統一活動」を担保できなくなります。また現行法では中央会の事業は独禁法適用除外ですが、全中が農協組織でなくなると、その事業は独禁法適用になります。たとえば総合調整機能の一つとして米生産調整や飼料米計画生産に関与すれば、それは独禁法違反になります。

　このような全中外しの表向きの理由は、全中の存在・指導が単協ひいては農業経営の自由を阻害し、「強い農業づくり」「農家所得の増大」

---

[34]「落としどころは2人の話し合いで決まった。『全国農業協同組合中央会（JA全中）と都道府県の中央会を分断しましょう』」日経3月15日「食と農　農協改革の虚実②」。2人とは西川前農相と菅官房長官である。

を阻害しているというものです。具体的には系統利用の促進や全国一律の指導を指すようです。しかし協同組合である以上、共同購入・共同販売を促進するのは当然であり、それとて強制すれば独禁法違反になります。そもそも経済事業は全農が担い、全中が深く関与するものではありません。日本農業新聞の単協アンケート（694JA中659が回答）では、「中央会制度がJAの自由な経営を阻害していると思いますか」という設問に対して、「思う」が10JA、「どちらともいえない」が24JA、残り95％が「思わない」でした（日本農業新聞1月29日）。

　全中が米生産調整や飼料米計画生産にとりくまなかったら、米過剰は避けられません。農産物輸出も全中の調整がないと安売り合戦になりかねません。全中外しは、「強い農業づくり」「農家所得の増大」に貢献するどころか、それに逆行するものです。

　本当に全中が「経営の自由を阻害している」と心底思うなら、あっさり撃ち取ればよい。にもかかわらず投げたのは牽制球でした。全中は、3月20日に全国の農協組合長ら700名を集めて10カ月ぶりにTPP反対の集会を開きました。それまでは「政府の農協改革の議論に刺激を与えないよう控えていた」が、今回も与党国会議員を呼ばず、「情報共有を目的にスマートな集会」にしたといいます（朝日新聞3月21日）。牽制効果はてきめんです。全中を名と形だけ残したのは、そこになお集票機能を期待するからでしょう。

　全中は、実質的な全国連合会に生まれ変わるのか、これだけコケにされながらも依然として農政の下請け機関、自民党の集票基盤に甘んじるのかの岐路にあります。

　中央会の性格については既に論じたところですが[35]、要約しますと、二つの面をもっています。一つは農協破たんを防ぎ、農政浸透を

---

(35) 拙著『農協・農委「解体」攻撃をめぐる7の論点』（前掲）5。

図るために法によって1954年につくられた半官的機関です。中央会は、非加入農協も含めて「組合の指導」ができることになっており、これは民間団体と言うよりは権力をもった行政（代行）機関です。また単協の県中への加入は任意ですが、県中と県中加入単協は全中へ「当然加入」とされました。これは協同組合の加入脱退の自由に反します。

当然加入としたのは前述のように「全国的統一活動」することが理由でした。全農協への指導権をもつなら当然加入は要らないはずですが、全中の言うことをきかない県中の発生を恐れたのでしょう。このように中央会は民間団体でありながら「お上」的な地位と役割を与えられた、その意味で当時の担当官僚が「農協法に含まれているが、農業協同組合ではない」と断じたところです。

他方で、農協としては、自らを補完してもらう必要性に応じて県中に加入したわけですし、また「全国的統一活動」が必要と思い全中に加入したという点では、中央会は協同組合間協同に基づく単協の二次・三次組織（連合会）の実質も備えるようになりました。いってみれば、「お上」によってつくられた「お上」のための組織が、いざできてみれば「自分たちに必要な自分たちの組織」になったといえます。

あれから60年、今回の農協「改革」は、その「お上」的性格が単協の自由な展開を邪魔しているとして全中そのものを廃止に追い込んだわけです。「自分の都合でつくったのだから、自分の都合で取り潰す、どこが悪い」と言わんばかりです。

しかし、中央会の連合会的な性格は着実に育ってきました。監査機能にしても、監事監査だけでは不十分と言う農協の必要性に応じて中央会監査が整備されたものです[36]。

---

(36) 全中『新農業協同組合中央会監査制度史』2013年、第2編。

JAの「自己改革」も、行政代行機関としての面は返上することにしました。残るのは連合会としての中央会の面です。全国の農協が「全国的統一活動」が必要だと思えば自主的に連合会を組織し、任意加入し、農協組織としての法認を迫るべきです。

公認会計士監査への移行

　農協監査については、貯金額200億円以上のJAの全中監査から公認会計士監査への移行、全国農協監査機構を全中から外出しして監査法人化すること、業務監査は任意とすることとされました。

　全中は2月5日、「JA全国監査機構を公認会計士の監査法人にすることには、懸念する実務上の問題やJAの負担の問題について、今後、法律等において必要な対応が図られる旨を確保できた」として、これを容認しました。

　確かに附則50条では、①JAの実質的な負担が増加しないこと、②農協監査士が監査業務に従事できること、③農協監査士のうち公認会計士試験合格者が公認会計士の資格を得るうえで農協監査の実務経験が考慮されること、が規定されました。

　全中は、「『農協改革』に関する法改正等に係るJAグループの考え方」（2015年3月）とその「説明資料」で、そのほか、④業務監査と会計監査は同一チームでも実施できる、⑤新全中・新県中・JAバンク・新監査法人はJAの破綻防止のため情報共有・業務できることを要求していました。与党合意では、このうち④については、チームを分けることで両方を行えるとしましたが、⑤について触れませんでした。附則でも④⑤は触れられていません。附則は、新制度への円滑な移行のため、農水省、金融庁、公認会計士協会、全中等による協議の場を設けるとしており、その場での検討に委ねられているのかもしれませ

んが、いくら協議しても一農協業界のために公認会計士法を変えるわけにはいかないし、そうすべきでもないでしょう。

　以下では①〜⑤について検討します。①については、監査費用そのものの増は避けられないでしょうから、「負担が増加しない」ためには国の補助か連合会・中央会からの補てんが必要です。しかし特定団体の監査を国が補助する論理は成り立たないでしょうから、後者でしょうが、監査法人に対して関係団体が何らかの金銭付与することは「業界ぐるみの監査法人買収」ととられかねず（農協の負担肩代わりをしても実質は変わりません）、透明性確保の点で長続きはしないでしょう。

　②については、農協監査士も監査の補助はできますが、公認会計士法上、経営者と討議したり、調書を最終確認する「責任者」は公認会計士でなければならず（日本農業新聞3月11日）、農協系監査法人の大幅な公認会計士の人材確保が必要です[37]。

　③は、受験勉強も合格後の単位にカウントしてくれというようなもので、せいぜい合格後の実務経験がカウントされる程度でしょう。

　④は、チームを分けるとなればさらなる人員増が必要であり、そもそも利益相反の防止が厳しく要求される公認会計士監査の世界で、同一監査法人が財務諸表監査とコンサル業務を併任すること自体が許さ

---

(37) 現在、全中監査を受けている総合農協は650弱（うち監査を義務付けられる貯金200億円以上は580）。農協系統が有する公認会計士とその試験合格者は30〜40名、監査法人設立には最低5名の公認会計士と特定社員が必要なので、現有資源では農協系法人の設立は6法人程度に限られる。他方、200億円以上の事業体監査には500〜600時間かかるとされ、時期的にも集中するので、大幅な拡充が必要である。規制改革会議は、2014年11月16日の「意見」で、公認会計士が3.4万人に増え、JA監査を賄えることを強調している。まるで公認会計士業界の販促である。

れないでしょう。

⑤も公認会計士に課せられた守秘義務からして不可能です[38]。

以上から、与党合意や附則は、全中から監査業務をとりあげるための空約束に過ぎず、法的に担保されたものではないと言えます。附則はそもそも努力規定に過ぎません。

全中監査から公認会計士監査への移行は、監査の本質・目的が、協同組合監査から営利企業監査に移行すること、すなわちJAの破綻を防止し組合員の継続利用を可能にすることから、投資家・債権者保護に移行すること、です。会計士監査になれば、投資家利益の保護を建前として、減損会計の徹底（未・低利用施設の赤字計上）や不採算部門の整理が厳しく要求されることになります。不採算部門をどうするか自体はJAの経営判断ですが、それを「放置」することは投資家利益に反するものと判断されるでしょう。

なお以上では、中央会問題と准組合員問題は全く別個の問題という理解に立ってきましたが、准組合員の利用規制と農協監査のあり方は「因果関係あり」という見解が示されました[39]。「これから准組合員が増え（営農分野の赤字へ信用・共済事業からの）補てんがもっと拡大する。そうなら、誰が見てもなるほどという監査にするべき。一方、今のままの監査であるなら准組合員の利用制限が必要ということになる」という主張です。

要するに全中監査は「農業者の協同組織」だから許されるのであり、非農家である准組合員の利用が増えれば、一般の金融機関と異ならな

---

[38] ④⑤については、多木誠一郎「『中央会監査の廃止』と『会計監査法人監査の導入』による影響」『週刊　金融財政事情』2015年春季合併号、2015年4月。

[39] 農政ジャーナリストの会の3月4日の研究会における斎藤健・自民党農林部会長の報告。

いから、それとのイコールフッティングで公認会計士監査に移行すべきということです（1996年改正で信金・信組に公認会計士監査導入）。これは准組合員を農協の組合員として認めず、一般住民に還元してしまう捉え方です。この論理を跳ね返すには、准組合員の農協における位置づけを明確化する必要があります。

　このような主張の背後には、農協金融を金融庁監督に移し、一般金融機関とのイコールフッティングにすべきという在日米国商工会議所の要求があることも付記しておきます。

非営利規定の放棄

　現行農協法は、「組合は、①その行う事業によってその組合員及び会員のために最大の奉仕をすることを目的とし、②営利を目的として事業を行ってはならない」（第8条）と規定しています（①②は筆者）。農協法改正案は、①は変えず、②を「その事業を行うにあたっては、農業所得の増大に最大限に配慮をしなければならない」、「農畜産物の販売その他の事業において、事業の的確な遂行により高い収益性を実現し、事業から生じた収益をもって、……投資又は事業分量配当に充てるよう努めなければならない」とします。

　しかし第一に、「組合員への奉仕」「農業所得の増大」「収益性」の三者は並立するでしょうか。「組合員」には当然に准組合員も含まれますが、「農業所得」を「最大限に配慮」すれば准組合員への奉仕は二の次になります。〈収益→投資・配当〉の追求を第一義とすれば、期中に行う組合員（農業者）への奉仕（農業所得の増大）は「コスト」として計上され、期末の収益を減じることになります。例えば米価下落に対する補てん、畜産危機に対する飼料手数料の引下げ、災害による農業施設の再建補助等は、農業所得の補てん等には寄与しますが、

「収益」を減じることになります。

　第二に、②では事業分量配当に触れるのみで、出資配当には言及していません。現行法では52条で出資配当制限を規定していますが、農協法改正案はいじりません。つまり改正案では出資配当の位置づけが明確ではありません。筆者も出資配当を制限することは、出資配当の極大化を目的とする株式会社との違いを明確にするうえで必要だと考えますが、資本主義社会において出資配当を無視することは逆ブレです。

　農協法は、これまで「収益」等の言葉を使わず、「剰余」としてきました。まさに組合員に奉仕した後の剰余だからです。改正案では7条の「収益」と52条の「剰余」が併存しますが、前者は営利企業の言葉、後者は協同組合の言葉で、水と油です。

理事・経営管理委員の非農家化

　理事は、2/3以上が正組合員たる個人または組合員たる法人（従業員300人以下、資本金3億円以下の農業を営む法人）の役員でなければならないという現行規定は変えませんが（経営管理委員は正組合員が3/4以上であることも現行通り）、新農協法では、理事等の過半が①認定農業者、②「農畜産物の販売その他の当該農業協同組合が行う事業又は法人の経営に関し実践的な能力を有する者」でなければならないとし、経営管理委員会を置く組合の理事は②のみとする、としています。また③「その理事の年齢及び性別に著しい偏りが生じないように配慮しなければならない」が加えられました。

　早速、認定農業者が少ない地域はどうするのかという問題が出てきますので、改正案では、その場合は省令で定めるとしています。そのこと自体が法としての地域普遍性に欠ける規定ですが、実質的な問題

は新しい理事の性格です。

　①については今日では株式会社も農地を借りて農業に参入し認定農業者になれますし、後述するように農業生産法人の要件も緩和されます。要するに非農家の法人役員が広範に理事等になれるということです。②の者は仮に農家資格を有するとしても本業は非農業でしょう。前述のように理事は1/3未満までは非正組合員（非農家）がなれます。以上を合わせると、可能性としては非農家が理事の過半を占めることができます。それは極論としても、改正案が農協役員の農家色を薄めて企業色を濃くする方向にあることは間違いありません。彼らが善意で農家の「農業所得の増大に最大限に配慮する」ことはありえたとしても、全体としては、企業による「農業の成長産業化」に資する組織に農協を変えていくことになるでしょう。

　③については、「著しい」などという曖昧な言葉を入試問題に使ったら、それだけでアウトですが、既に多くの農協は複数の女性理事、女性部・青年部代表の理事登用等の努力をしてきました。多くの農業青年は自分や地域の経営に手いっぱいと言う状況もあります。敢えて法がパターナリスティック（家父長）的に言うべきことでもないでしょう。

農協組織の株式会社化

　改正法では、農協の事業の全部または一部の新設分割、株式会社・生協・医療法人へ変更「できる」としました。全農の株式会社化もこのなかに含まれます。また与党合意で農林中金・信連・全共連の株式会社化については「金融庁と中長期的に検討する」とされました。これらの「できる」規定を実行することが、今後の農協「改革」の実施状況をめぐる争点になります。

まとめ──農協法改正案は美しいか

　以上、改正案の問題点をみてきました。改正案は附則が115条もあり、附則だけで一つの法律になるような分量です。内容的にも「新農協法」と言うにふさわしく、安倍首相の「戦後レジームからの脱却」を体現しています。しかし現行農協法の改正と言う形式をとるため、次々と建て増しを重ねて迷路のようになってしまった古旅館のような醜さです。内容的にも以上に指摘したような不整合が各所にあります。法律は決して法曹の独占物でなく、国民に分かりやすいものである必要がありますが、そういう配慮に全く欠けた、立案者のいじわるな法律いじりと言えます。

　農協「改革」は、「今後5年間を農協改革集中推進期間」としています。改正案でも、准組合員利用について5年間調査検討するとしています。改正案に基づく農協「改革」が「強い農業づくり」「農家所得の増大」に寄与するとは思えません。すると「改革」は、成果があがらなかった全責任を農協に押し付け、准組合員利用規制を人質にして、自分たちが思う方向でのさらなる農協「改革」を次々と押し付けてくるでしょう。その具体は准組利用規制であり、株式会社等への「できる」規定の「する」への踏み出しです。

　農協系統としても、第一に、社団法人化した全中を実質的な全国連合会・ナショナルセンターとして支えうるか、第二に、農協系監査法人の体制整備と、どれだけのJAがそれを利用するか、会計監査と業務監査の両立が可能か、が問われます。

　2015年10月には第27回JA全国大会が開かれます。その議案審議が始まりました。そこでいかなる方向を打ち出すかが、今後の農協系のあり方を占います。今のところ総合審議会「中間とりまとめ」(2014年10月24日) を前提として具体化する方向です。それは職能組合化を

究極目標とする農協「改革」に対して「食と農を基軸として地域に根ざした協同組合」を対置する方向です。「中間とりまとめ」は准組合員を「農業や地域経済の発展を共に支えるパートナー」として位置づけ、「事業・運営への参画の推進」と「共益権のあり方等を含めた法制度の検討」を掲げています。

准組合員は農協の事業は利用できますが、共益権（決議権や選挙権）はもちません。それは制定当時における（旧）地主等の非耕作者の影響を懸念したものですが、制度としては正組合員に対する「二級市民」扱いであり、「組合員は平等の議決権をもつ」という協同組合原則の根幹に触れます。

しかし今直ちに准組合員に共益権を与えることは混乱を生むことが懸念されます。農家と非農家は階層利害や地域利害を異にする可能性があります。例えば、准組利用の結果も含めた積立金を農業施設の建設に充てることは直接的には非農家の利益にならず、准組合員の賛成を得られないかもしれません。農業投資の理解を得るには、まずは農家・非農家の相互交流・理解が欠かせず、そのためには准組合員が実質的に農協の運営・経営に参加できるような仕掛けづくり、長期的な受益のバランスが欠かせません。先の農業投資について言うなら、長期展望に立って地域住民にも裨益する投資（例えば直売所、介護・医療施設）を計画するなども必要でしょう。

5年後にはさらなる農協法改正があります。今回は序の口、次の改正が本命です。JA全国大会は3年に一度ですから、27回大会は28回大会をも睨みつつ、今何をなすべきか、それを踏まえて次に何を打ち出すべきかを明確にすべきです。

4．財界は農地を狙う

官邸農政の農地政策

　官邸農政が農協「改革」に先立ち、まず手をつけたのは農地政策です。それはTPPに備えてコストダウンを図るため、農地の8割を担い手に集積するための農地中間管理機構の創設として始まり、それを通じて企業の農地取得により確実な道を開き、次いで農協「改革」と合わせて農業委員会の改変により農地の地域自主管理のシステムを壊し、国家戦略特区の農業特区で農業委員会の権限を市に移す突破口を開き、農業生産法人のさらなる要件緩和で企業の農地取得をより容易にし、地方分権一括法案で農地転用の許可権限を国から県・市町村に移譲するという体系的なものです。

　このような官邸農政の農地政策の背景には財界の強い要求があります。財界団体の日本生産性本部の「経済成長フォーラム」が、規制改革会議の「意見」が出された直後の2014年6月に『「企業の農業参入促進」のための提言』を出しています。同フォーラムの座長は太田弘子、メンバーは、金丸恭文、新浪剛史といった規制改革会議・産業競争力会議のトップメンバー、国家戦略特区の有識者議員である八田達夫、それに本間正義、山下一仁等が名を連ねています。そこでは短期的政策（1〜2年以内に実現すべき政策）として、農業生産法人の要件緩和、中期的政策（5年以内に実現）として、企業が農業生産法人の構成員要件を適用せずに農業生産法人になれること、そして最後に一般企業の農地所有の実現が掲げられています。

　国家戦略特区会議の2015年1月の会議で、八田達夫は「農林水産業

では、最大の課題は農業生産法人の出資・事業要件をどう緩和するかということ」と発言し、また竹中平蔵は「特に農業生産法人の要件という非常に象徴的で、改革の１丁目一番地」と位置付けています。

このように、企業の農業参入を容易にする制度的仕組みづくり、農業生産法人の形骸化、そして最後には一般企業の農地所有権取得が描かれているわけです。農業委員会の改変も含め、そのような全体構図のなかでみていく必要があります。

農地中間管理機構（事業）の問題点

官邸農政が、農協「改革」に先行してまず2013年に打ち出したのが、農地中間管理機構の設立です[40]。TPPで安い米を受け入れるには４割コストダウンが必要として、農地の８割を担い手に集積するための公的機関を創設しました。県単位に設立された機構が農地を借入れ、中間保有のうえ、土地改良・団地化して担い手に貸し出す方式であり、機構を通じた場合には地元や地権者に交付金が出るというインセンティブ付きで、農地流動化を機構に一元化しようとするものです。

農地の団地化を果たすうえで、農地の中間保有・転貸借方式それ自体は適切なものといえます。しかし機構方式には従来の農政との関係で二つの問題があります。

一つは、このような方式は既に農地保有合理化法人（県公社など）を通じる農地保有合理化事業として存在していたものです。合理化事業は売買が中心という難点がありましたが、賃貸借（利用権の設定）の扱いに国が補助をすれば、賃貸借についても十分に機能したはずです。しかしそうはしなかった。その理由は合理化法人はたんなる民法

---

(40) 詳しくは拙著『戦後レジームからの脱却農政』筑波書房、2014年、第６章。

法人で、公的機関として借りた農地の貸付先を決定するような強い権限をもたせられなかったからでしょう。

　二つは、2009年の法改正を通じて農地利用集積円滑化事業が既に発足していました。それは転貸借方式ではなく転貸先を白紙委任するあっ旋方式であり、農地の中間保有を伴わない点で難がありましたが、それとは別の事業をつくった真の理由は、事業主体の半数が農協であり、農協利用方式だった点でしょう。農協潰しを考えていた官邸農政としては避けたい方式だったのです。

　このような先行する二つの事業を振り切って農地中間管理事業が仕組まれるに当たっては、そこに二つの毒が込められていました。一つは、機構の貸し出しにあっては受け手を公募し、貸出先の最終決定権は機構がもつという仕組みです。これにより企業も応募し、経営効率を争って地域の担い手を押しのけて借りることが可能になります。

　もう一つは、農地管理のあり方の変更です。これまで、農地の管理は農業委員会を主とする地域自主管理に委ねられ、地域では「人・農地プラン」を作成する話し合いを通じて地域の担い手への農地集積を追求していましたが、農地中間管理事業では、貸付先の決定権限が中間管理機構に移され、農地の地域自主管理の考え方が弱められる点です。財界は同事業を仕組む過程で、「農地を地域のものと思うな」（農地は、誰でも、すなわち企業もアクセスできる市場財だ）ということを強調していました。これが農業委員会の改変につながります。

　政府の初年度目標15万haに対して、機構が農家から借りた面積は2.9万ha、機構が貸し出した面積は2.4万haで、目標の2割にも達しません（農水省5月19日公表）。農水省は5月連休明けに検証に着手するということですが、機構のネジをギリギリと巻き、成績不良のトップの首をすげかえるということでしょう。

借り受け希望については、例えば兵庫県では、イオンアグリ創造やコメ卸が各1,000ha規模の借り受け希望、神奈川県でもオリックスが20数haの希望を出しています。
　それに対して地権者の方は、機構に貸すと誰に転貸されるか分からず、地元に迷惑をかける可能性もあって躊躇しており、また地元機関も手続きの煩雑さに悩まされているのが現状です。官邸農政の強引な農地集積政策が農地集積を妨げているというのが実態です。

農業委員会法の改正
　まず法改正の内容をみていきます。
　①目的規定が変わりました。現行法は「農業生産力の発展及び農業経営の合理化を図り、農民の地位の向上に寄与するため」となっていますが、「農民の地位の向上に寄与する」が削られました。農協法が「農業者の経済的社会的地位の向上」を残したのと対照的です。地域の「ひと・農地」を守ることを使命とし、家族経営協定など農業者の主体形成に寄与してきた農業委員会を、たんなる農地利用の最適化を図るための機能組織に変えていく前触れと言えます。
　②業務については、「その区域内の農業及び農民に関する事項について、意見を公表し、他の行政庁に建議し、又はその諮問に応じて答申することができる」が削除され、「農地等の利用の最適化の推進に関する施策」についてのみ関係行政機関に「具体的な意見を提出しなければならない」とされました。そして「その区域内の農地等の利用の最適化の推進」にまい進することとされました。建議機能が廃止され、代って「農地等の利用の最適化」に寄与することが（農地法関係業務を除けば）最大の業務として「義務」的に規定され、「意見の提出」もその範囲に限り義務化されました。

③農業委員は選挙制から市町村長が議会の同意を得て任命する選任制に変えられました。これが最大の変化です。また認定農業者が過半数を占めることとされ、そこには「利害関係を有しない者」が含まれること、年齢、性別等に偏りが生じないことが規定されました。任命に当たっては農業者・農業団体に候補者の推薦を求め、公募をしなければならないこととされました。農業者の推薦とは結局は地域推薦制であり、これは農業委員会制度の発足当初の原案であり、それが民主的でないという理由で公選制に改められたものですが、それを元に戻しつつ認定農業者が過半という枠をはめたものといえます。

地域推薦制・公募が実質化すれば実態はあまり変わらないことになりますが、委員定数は与党合意で「現行の半分程度」の方向で検討中とされ、その面から地域代表性が大きく崩れることになります。

認定農業者が過半というのは農協理事と同じ趣旨で、認定農業者主体の組織に変えることで彼らの意向が通りやすくするためですが、農地は借り手と貸し手の意向調整を通じて初めて動いていくものだとすれば、地権者の意向表明をせばめることは必ずしも農地利用の最適化に沿うものではありません。

④選任制に続く第二の新機軸は、農地利用最適化推進委員制度の新設です。推進委員は農業委員会が区域ごとに推薦を求め、または公募して委嘱し、区域の農地の利用の最適化のための活動を行い、農業委員会に出席して意見を述べることができ、また農業委員会が農地利用最適化の指針を定める時は推進委員の意見を聴かなければならないとされ、その定数は政令・条例で定められることになります。

先に農業委員の定数は半減の方向としましたが、現行の農業委員を、農業委員と最適化推進委員に二分し、農業委員会を二階建てにするのが狙いではないでしょうか。すなわち農地利用最適化の実務は推進委

員が担当し、農業委員会は推進委員を指揮監督しつつ、その報告を受けて審議する卓上委員会になるわけです。活動する委員会と言うよりチェック機関化ということであれば、先のように少数者の選任制でも足りるということにもなります。もしこのようになれば農業委員会の性格は大きく変わってしまいます。

⑤現行法の県農業会議、全国農業会議所に関する第3、4章は削除され、名称も一般社団・財団の「農業委員会ネットワーク機構」に変えられます。解説書によれば[41]、これまでの県農業会議は「法律に基づいて設立された特別の法人であり通常の社団法人と趣を異にし」、解散があり得ず、各市町村ごとに委員1名を会議員とする[42]、「農業及び農民の一般的利益代表活動と、行政行為を補完する諮問機関」という「公共性的性格」をもつとされています。それに対して全国農業会議所は「特別な法人」ですが、「法律上の性格は社団法人に属し」、設立・解散は自由です。その「会員の大半は都道府県農業会議であり、実質的には農業委員会の全国段階における連合組織」という系統性をもっているとされます。

ともあれ、これまでの「特別な法人」が、改正では一般社団・財団という民法法人にされたわけです。

それらの業務の第一は、現行法では「農業及び農民に関し、意見を公表し、行政庁に建議し、またその諮問に応じて答申すること」とされていましたが、法改正では「農業委員会相互の連絡調整」、情報の公表、講習・研修・支援に変えられました。ただし農業委員会と同様、農地利用最適化について必要な時は「その施策の改善意見を提出しな

―――――――――――――――――――

(41) 全国農業会議所『農業委員会法の解説　改訂八版』2010年。
(42) 農委会長ではなく「委員」を会議員とすることで系統性を遮断された経緯については東畑四郎『昭和農政談』家の光協会、1980年、283頁。

ければならない」とされました。

　会員の資格等の規定もなくなりましたが、一般社団・財団法人法に従うということでしょうか。それにより系統性は否定され、建議・諮問機関から連絡（ネットワーク）組織に変えられました。現行法では知事が転用許可をする場合は「あらかじめ都道府県農業会議の意見を聴かなければならない」とされていますが、それは削除され、30a超の転用について農業委員会が県ネットワーク機構の意見聴取をすることに改められました。改正前は県と農業会議という独立の機関同士の関係ですが、改正後は会員組織の内部手続きに過ぎません。そこに「ネットワーク」でしかない組織の本質が露呈しています。

　全体として各段階の地域農業者を代表する農業団体としての性格は否定され、農地利用最適化に貢献する組織、しかもその実務は最適化委員に委ね、それをチェックする機関となり、現場に出向いて農業者の中に入って農地の地域自主管理を体現する「行動する行政委員会」から、農地利用最適化のための行政を補完するデスクワーク組織に押し込められたといえます。

　それを押し戻すには、農業委員の地域代表性を確保するために推薦・公募の仕組みを実質化し、農地の地域自主管理の趣旨を活かす方向で最適化委員との分協業体制を構築するしかありません。また自らの主体的努力で農業委員会―県ネットワーク―全国ネットワークの実質的な系統性を確保していくことです。

農業生産法人の農地所有適格法人化

　農業生産法人の要件緩和（法人・事業・構成員・役員の要件）は1990年代なかば以降、財界の農地規制緩和についての最大の要求項目でした。ここを突破すれば、株式会社等の一般企業も実質的に農地の

権利（賃借権、所有権）取得が可能になるからです。

　株式会社は、農業生産法人制度の発足以来、株式の譲渡自由な点が農地耕作者主義（農地は耕作する者のみが権利取得できる）を侵す恐れがあるとして排除されてきましたが、2001年の農地法改正を通じて「地域に根ざした農業者の共同体である農業生産法人の一形態」（当時の農水省の規定）として認められるようになりました。この時、個人だけでなく法人も農業生産法人の構成員になれることになり、業務執行役員の1/2以上が農作業常時従事から、1/4以上が60日以上農作業従事に緩和されました。

　さて今回の改正案では、まず農業生産法人の名称が「農地所有適格法人」に改められます。改称の形式論理は、2009年農地法改正で農業生産法人以外の一般法人（株式会社を含む）にも賃借権が認められたために、それとの対比で固有に農地所有が可能な法人として名称変更したということかもしれません。しかしそうだとすれば2009年改正時に改名すればよかったはずで、いま、なぜ、という疑問が残ります。

　実は1960年代初めに農業生産法人制度が仕組まれた当初の政府案の名称は「適格法人」でした。「適格法人」は、株式会社も含みますが、賃借権のみが認められました。それに対して現実に制度化された「農業生産法人」は、株式会社を含まないかわりに、所有権の取得も可とされました[43]。それが前述のように2001年改正を通じて株式会社も農業生産法人になれるようになりました。それは農業生産法人があくまで「地域に根ざした農業者の共同体」だからでした。その本質を表す名称としてはやはり「農業生産法人」の方がふさわしいといえます。

　いいかえれば、名称変更は農業生産法人が「地域に根ざした農業者の共同体」ではなくなってくることに対応していると言えます。すな

(43) 拙著『集落営農と農業生産法人』筑波書房、2006年、序章。

わち改正案では、①農業者以外の者の議決権が総議決権の1/4以下だったのを1/2未満まで可とする、②前述のように役員の1/4以上が農作業従事だったのを、役員あるいは使用人の1人以上が農作業従事すれば可とすることになりました。

1/4というのは、会議は1/2以上の出席で成立し、その1/2以上で可決されるので、1/4以上を占めれば法人を支配しうる、その可能性を排除するための規定です。①②ともに農外者が法人を支配し得る可能性に道を開き、先の農地耕作者主義を逸脱する規制緩和と言えます。こうして農外者の要素が支配してくる法人は、「地域に根ざした農業者の共同体」というよりは、まさに「農地所有適格法人」です。

本章冒頭にみた「経済成長フォーラム」は短期的政策として農業生産法人の構成員・役員・事業の要件の撤廃を主張し、中長期的政策で一般企業の農地所有の実現をうたっていましたが、今回の改正は6次産業化の促進等を口実に、このような道筋の一齣をなすといえます。

農地転用許可権限の委譲

地方分権改革一括法案とそれに対応する農地法改正案より、図1のように制度が改められます。大きな点は、4ha以上の転用についても国から県に許可権限が委譲されること、新たに農水大臣が指定する市町村（指定市町村）にも全農地転用の許可権限が委譲されることです。後者については、既に県の転用許可権限が489市町村に移譲されていますが（うち440市町村は農業委員会に事務委任）、今回の改正案ではそれが4ha超の転用にも及ぶことになります。

流通大手が運営するショッピングモールで敷地が4ha未満は12％に過ぎないとも言われています（朝日新聞、4月2日社説）。一般的には転用圧力は減圧していますが、転用圧力への対抗力は県から市町

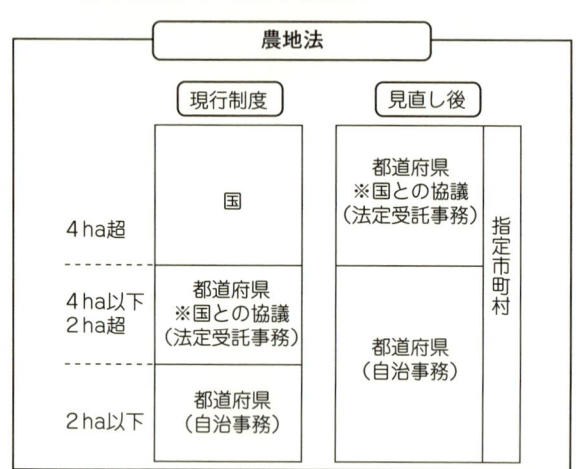

図1　農地転用許可に係る事務権限

	現行制度	見直し後	
4ha超	国	都道府県 ※国との協議 （法定受託事務）	指定市町村
4ha以下 2ha超	都道府県 ※国との協議 （法定受託事務）	都道府県 （自治事務）	
2ha以下	都道府県 （自治事務）		

（農地法）

注1．農業共済新聞2015年3月18日による。
　2．現行制度は2015年の地方分権改革一括法改正前の状況である。

村に行くほど弱まります。市町村の中にはなお工業団地やショッピングセンターによる地域開発への幻想があるかもしれません。そういうなかでの地方分権に名を借りた規制緩和だといえます。

　さらに本書では触れませんが、「地方創生」の一環として、小学校区程度のエリア内に生活関連施設を集中整備する「小さな拠点」づくりがあげられていますが、その際に農地転用が禁じられている第一種農地、農用地区域内農地の転用規制を緩める特例が地域再生法改正案に盛り込まれます（日本農業新聞、3月13日）。

　地方都市郊外や純農山村の両面で農地転用がしやすくなる状況がつくられつつあります。

国家戦略特区による農地規制緩和

　以上と関連して、国家戦略特区にいち早く指定された兵庫県養父市では、農業委員会の農地権利移動の許可権限が市に委譲され、また農業生産法人の要件も緩和され（役員の1人以上が農作業従事であれば可）、ヤンマー、オリックス、近畿クボタ、イオン、新鮮組（本社田原市）等が子会社の農業生産法人をつくるなどして既に進出あるいは進出を検討中とされています[44]。

　小泉構造改革以来、特区で前例を作り、そこで問題がなかったとして全国区化がなされています。一般法人の農地賃借がその典型であり、構造改革特区で始まり2009年農地法改正で全国区化しました。養父市の農業生産法人の（役員）要件緩和も今回の改正案に取り入れられ、同じ道を歩んでいます。

まとめ

　農業委員会系統は農協系統とならぶ農業団体として、その系統性を競ってきました。農協「改革」は割り切っていえば経済団体としての「改革」にとどまりますが、農業委員会を含む農地制度に係る「改革」は民主主義（行政委員会の委員のあり方）や制度（農地規制）の根幹に係わる点で、その影響は農協「改革」以上かもしれません。

　しかしその割には、少なくとも報道の限りでは農業委員会系統の反応は鈍かったと言えます。そもそも報道の対象にもなりませんでした。「農政活動をやって事業をやらない日本の農業団体の宿命」「農業会議所は運動体になっていない。……政府から補助金をもらっていては無理ですよ」という東畑四郎の批判がありますが[45]、「農政活動」も

---

(44) 日本経済新聞は2014年11月7日、12月4日、12月10日と続けて養父市を中心に農業特区の状況を報道している。

政府との取引に閉じ込めてしまったのではないでしょうか。

　安倍首相の言う「戦後レジームからの脱却」の「戦後レジーム」とは、資本の侵入から農地を守る農地法制であり、農地耕作者主義や農地の地域自主管理でした。それを体現してきたのが農業委員であり、それを補完する県農業会議や全国農業会議所でした。「脱却」とはそれら全てを葬り去り、資本が農地を自由にできる体制を打ち立てることです。農業委員会系統の選任制委員会化、ネットワーク組織化が進められようとするなかで、これまで農業委員が地域で果たしてきた役割をどう実質的に継承していくか、その知恵と実践が求められます。

---

(45) 東畑四郎『昭和農政談』家の光協会、1980年、281、288頁。

5．新基本計画のリアリティを問う

官邸農政と新基本計画——追随とリベンジ

　2015年3月31日に食料・農業・農村基本計画が閣議決定されました（以下「2015年基本計画」）。新基本法は、政府は概ね5年ごとに食料・農業・農村政策審議会の意見を聴いて、施策の基本的な方針、食料自給率の目標、講ずべき施策等の基本計画を定めることにしています。

　しかし官邸農政が先行していますので、それとの関係が基本計画の焦点になります。審議会企画部会長は、「今回の見直しでは、その直前に行われた農政改革上の議論である『活力創造プラン』等がきちんと機能するように」議論する、「基本計画の検討は、こうした日本再興戦略や活力創造プラン、新たな農業・農村政策という前提がある中で進められています」としています[46]。2015年基本計画の文章では、「『農林水産業・地域の活力創造プラン』等においては、「今後10年間で農業・農村の所得倍増をめざす」こととされており、これに向けて、農業生産額の増大や生産コストの縮減による農業所得の増大、6次産業化等を通じた農村地域の関連所得の増大に向けた施策を推進する」とされています。官邸によって与えられた農政の大枠を前提して、それが「きちんと機能する」するための部品づくりをするということでしょうか。

　農水省作成の「新たな食料・農業・農村基本計画について」という一枚紙をみますと、「基本計画と併せて策定」として「農業経営等の

---
(46) 中嶋康博（食料・農業・農村政策）「新たな食料・農業・農村基本計画の課題（上）」『月刊NOSAI』2015年1月号。

展望」が掲げられており、その中に「農業所得の増大と農村地域の関連所得の増大に向けた対応方向について」が入っています（その内容は後段で検討します）。「併せて策定」したのは農水省でしょうが、審議会はそれを追認したことになります[47]。このように官邸農政への追随が2015年基本計画の第一の特徴です。

　第二の特徴は、民主党政権時代の2010年基本計画へのリベンジです。2015年基本計画は「基本法の基本理念の実現に向け、食料・農業・農村施策の改革を進めるにあたっては、生産現場に無用な混乱や不安をもたらさず、農業者や関連事業者等が中長期的な視点で経営拡大や新たな事業分野への進出等に取り組めるよう、施策の安定性を確保していく」としています。要するに「基本法の基本理念」から逸脱した民主党農政を元の自民党農政に戻せ、「葵の御紋が目に入らぬか」というわけです。具体的には「平成22年以降の施策の見直しの中で、構造改革の対象となる『担い手』の姿が不明確になったことに鑑み、……再度『担い手』の姿を明確にして施策を推進していく必要がある」としています。施策評価にあたっては民主党時代の戸別所得補償政策を全く無視していますが、同政策が担い手層にとっても高く評価された事実は否定できません[48]。政策評価はその客観的効果に即してなされるべきで、その主観的意図からなされるべきでないことは政策学のイロハです。

　こういう夾雑物を除いた2015年基本計画のほとんど唯一の新機軸は、食料自給率と食料自給力です。以下ではその点に焦点をあてて、2015

---

[47]「所得倍増については審議会側が目標とすることに強い難色を示したため、『農林水産業・地域の活力創造プラン』などを引用するにとどめた」という指摘もある（全国農業新聞3月20日「深層」）。しかし「引用にとどめた」ではすまなかったのではないか。

年基本計画の特徴をみていきます。

新基本法における食料自給率

　食料自給率については、カロリー自給率の目標を50％から45％に引き下げる、食料自給率目標と併せて食料自給力指標を提示したのが新機軸です。そこにはいくつものねじれがあります。以下ではそれを新基本法に即して整理していきます。

　同法はまず第２条第１項で「将来にわたって、良質な食料が合理的な価格で安定的に供給されなければならない」とし、第４項で「国民が最低限必要とする食料は、……不測の要因により国内における需給が相当の期間著しくひっ迫し、又はひっ迫する恐れがある場合においても、……供給の確保が図られねばならない」としています。第１項は「平時における普遍的な理念」、第４項は「不測時における食料の安定供給」について規定したものです[49]。

　さらに同法は第15条で基本計画は食料自給率の目標を定めるとしています。そして３項では「食料自給率の目標は、**その向上を図ることを旨として、国内の農業生産及び食料消費に関する指針として**」定めるとしています。ゴチの部分は政府原案に国会で付加修正された有名なフレーズです。また第19条（不測時における食料安全保障）では、「国

---

(48) 2013年度農業白書は、「米の直接支払交付金は、農業者の手取りになったことは間違いありませんが、……全ての販売農家に対して生産費を補填することは、農地の流動化のペースを遅らせる面があること等政策的な問題がありました」とした。実際には流動化のペースを遅らせることはなく、「農業者の手取りになったこと」を評価しただけ基本計画よりましである。白書も審議会マターである。

(49) 『【逐条解説】食料・農業・農村基本法解説』大成出版社、2000年。31頁。

民が最低限度必要とする食料の供給を確保するために必要があると認める時は、食料の増産、流通の制限その他必要な施策を講ずる」としています。これに基づいて2002年に「不測時の食料安全保障マニュアル」が策定され、2012年に「緊急事態食料安全保障指針」にバージョンアップされました。

　以上、新基本法について長々と説明しましたが、第2条第1項の「平時における普遍的な理念」として第15条の食料自給率が、2条4項の「不測時における食料の安定供給」に対応するものとして第19条の「不測時における食料安全保障」が定められたことを確認したいためです。

　なぜ食料自給率の目標設定が必要なのか。よく食料安全保障の見地からの必要性が言われます。しかし少なくとも新基本法は、食料安全保障を、不測時における「危機管理対応」[50]として規定しています。それに対して食料自給率の目標の設定は平時においても必要なものとされているわけです。

　農業白書は1973年度版から「食用農産物の自給率の推移」の表を載せるようになりました。当時の総合自給率は金額表示のそれであり、主要農産物の自給率として穀物とその他の品目を掲げていました。1973年と言えば深刻な世界食料危機が起きた年です。まさにその時から「自給率」が農政において強く意識され、白書として国民に伝えられ、今日に至っているわけです。

　ですから、自給率はやはり「不測時における食料安全保障」と切っても切れない関係として登場したと言えます。しかしこの両者の関係が政権交代期に揺れてきました。

---

(50) 同上、71頁。

政権交代と食料自給率

　政権交代前の自民党時代最後の農業白書（2009年版）は、「国内農業の食料供給力（食料自給力）を構成する農地・農業用水等の農業資源、担い手、技術を確保して食料自給力を強化し、その結果としての食料自給率の向上が求められている」としました。そして「用語の解説」では次の図２を掲げていました。恐らく、2010年の基本計画の改訂を控えて、40％程度で横ばいを続け45％の目標達成が困難な自給率の相対化を図る必要があったのでしょう。

図２　食料自給力の考え方

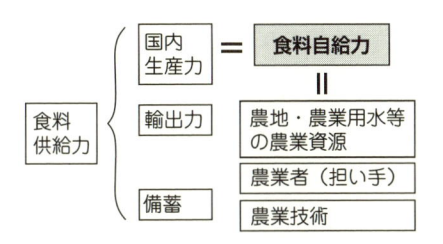

食料供給力 ｛ 国内生産力／輸出力／備蓄 ｝

食料自給力 ＝ 農地・農業用水等の農業資源／農業者（担い手）／農業技術

　（国内生産力 ＝ 食料自給力）

注１．農林水産省作成。
　２．2009年、2012年版農業白書による。

　しかるに政権交代となり、民主党政権下の2010年基本計画は、「特にひっ迫が予想される穀物を中心として、自給率を最大限向上させていくことが必要」として、「我が国の持てる資源をすべて投入した時にはじめて可能となる高い目標として供給熱量ベースで平成20年度41％を50％まで引き上げる」としました。そのため表３にみるように、穀物・大豆の目標生産量を増やし、野菜、果実、畜産物の目標を引き下げ、さらに水田の排水良好面積あるいは湿田以外にイモ類を作付けることにしました。

表3 食料・農業・農村基本計画の推移

計画策定年次	2005年	2010	2015
目標年次	2015年	2020	2025
カロリー自給率（％）	45	50	45
金額表示自給率（％）	76	70	73
主要作物の生産量（万トン）目標　米(主食)	849	855	752
米粉用米		50	10
飼料用米		70	110
小麦	86	180	95
大麦	35	35	22
甘しょ	99	103	94
馬鈴薯	303	290	250
大豆	27	60	32
野菜	1,422	1,308	1,395
果実	383	340	309
生乳	928	800	750
牛肉	61	52	52
豚肉	131	126	131
鶏肉	124	138	146
鶏卵	243	245	241
砂糖	84	84	80
飼料作物（TDN）	524	527	501
農地面積（万ha）	450	461	440
耕地利用率（％）	105	108	101

　そこでは「飼料用米については、主食用米への転換が容易であることから、実質上不測時の食料安全保障にも資する」とし、食料自給率を「不測時の食料安全保障」とは一応は分けて論じていましたが、農業生産を穀物シフトさせていくそれは、平時のそれというよりは不測時の対応に近いと言えます。

　さて再政権交代下の2015年計画は、前述のように食料自給率を旧自民党時代（2005年計画）の45％に戻し、金額表示の総合自給率目標を73％に高め、食料自給力指標を新たに提示しました。表3にみるように、穀物等生産量の目標の引下げ、主食用米から飼料用米へのシフト、

野菜や豚肉・鶏肉等の引き上げなど、総じて政権交代前の考え方に戻したわけです。

このように民主・自民ともに、政権交代とともに自給率の考え方や目標を変えました。はたから見ていると、ともにリベンジフルで子供の喧嘩にも見えます。

そこには二つの問題があります。第一は、自給率目標は、一政府のそれというより国民的な目標たることがその趣旨です。それを政権交代のたびに変えていいのか。第二に、前述のように、国会の修正であえて「食料自給率の目標は、その向上を図ることを旨として」の一文をいれたわけですが、その目標を下げるのはいかがなものか、極言すれば法に反するのではないか、です。しかし自民党（農水省）にも言い分があるでしょう。次にそれを見ていきます。

2015年計画における自給率と自給力

新計画は、2010年計画のカロリー自給率について、実際の自給率は40％にとどまっており、目標から乖離している、その原因は、①米・米粉用米の消費が予測を下回った、②油脂類の消費が予測を上回った、③米粉用米や小麦の生産が目標を下回った、ことにあるとしています。また「各品目別に数量目標に対する生産の進捗状況をみると、課題に対する取組が不十分な品目がある一方で、当初の目標設定が過大であったと考えられる品目もあり」とし、自給率目標の設定には「計画期間内における実現可能性を考慮する必要がある」としています。要するに民主党の「最大限向上」に対して「実現可能性」を対置したといえます。

そのうえで政権交代前に打ち出された「食料自給力」を具体化し、その「指標」を示したのが新機軸です。2015年計画は、食料自給力と

は「我が国農林水産業が有する食料の潜在生産能力」のことであり、それを示すものとしては食料自給率には「一定の限界がある」[51]。不測の事態に備えて食料自給力を評価しておくことが重要であり、それが低下傾向にあること、しかし供給熱量を重視した作付け体系にすれば現状より高い食料供給量を得られるとしています。具体的には、穀物中心に熱量効率最大化（栄養バランス考慮のAパターンと熱量効率のみ考慮のBパターン）、イモ類を中心に熱量効率最大化（栄養バランス考慮のCパターンと熱量効率のみのDパターン）を示しています。

　試算結果は、1965年から図示されていますが、現状（2013年）では、実績の1人1日当たり供給熱量2,424kcalに対してAは61.7％、Bは76.5％、Cは101.6％、Dは113.6％になります。イモ主食化すれば現状では自給可能というハッピーな結果ですが、重要なのは食料自給力は1990年頃から下落傾向が顕著で、食料自給率が39～40％で横ばいになった90年代末以降も同じスピードで下落し続けているのが図示されたことです。

　基本計画は、このような食料自給力指標を示すことで「豊かな食生活が維持できている中にあって日頃は深化を図りにくい我が国の食料安全保障に関する国民的議論を深め」ることができるとしています。自給率横ばいの陰で自給力が衰えていく現実を指し示し、警鐘をならしたことは2015年基本計画の最大の功績かも知れません。

　しかしながら2015年計画の食料自給力とは、要するに前述の新基本法第19条の「不測時における食料安全保障」に係わらせたもので、新基本法第15条に定める「食料自給率の目標」とは異なるものです。それは、民主党が「不測時の食料安全保障」の要素を中途半端な形でも

---

[51] 食料自給率はそもそも「潜在生産能力」を示すものではないとすれば、「限界」を云々するのは論理的におかしい。無い物ねだりである。

ぐり込ませつつ（「穀物を中心に」「我が国の持てる資源をすべて投入」)、食料自給率一本で示したものを、食料自給率と食料自給力に切り分けて示したものとも言えます。その意味では両党の発想は両党が強調するほどには隔たっていません。

食料自給力をどう考えるか

このような食料自給力概念を打ち出すにあたって、2015年計画は食料自給率について次の三つの問題点を指摘しています。すなわち①非食用作物（花き・花木等）の栽培農地の潜在生産力が反映されない、②途上国の方が自給率が高くなる傾向がある、③高齢化等による食生活の変化といった消費構造に影響を受ける、です。

筆者も食料自給率には問題があると考えますが、その理由は以上とは異なります。

第一に、自給率は、国内消費量を分母とし国内生産量を分子とする相対関係の数値です。それは国内消費量が減ってもアップしえるものです。そして日本は2005年から明確に人口減少時代に入りました。人口減少時代には一人当たり消費量が増えない限り国内消費量は減っていき、国内供給力の衰え方よりも消費量の減少率の方が大きければ自給率はアップします。つまり人口減少時代には自給率と言う相対概念は国内供給力を正確に示すものではありません。

第二に、自給率の計算では国内生産が国民の消費に供されず輸出に向けられた場合も自給率としてカウントされます。官邸農政はクールジャパンによる農産物輸出にいたく力を入れていますが、アジア富裕層の腹に入る日本の農産物も自給率にカウントされるのです。

輸出の増大に本気であればあるほど、自給率の計算は虚しくなりますし、せめて分子は国内消費仕向け生産にすべきでしょう。式で示せ

ば自給率＝〈国内生産−輸出〉／国内消費、です。

　そういう混乱を防ぐために「食料自給力」は有効な概念です。しかし2015年計画の自給力の考え方には問題があります。

　第一に、そもそも自給力は図２に示されたような、自給力の元となっている生産要素（土地、人、技術）に即して絶対水準として示されるべきものではないでしょうか。それは一本で示されない難点がありますが、もともと生産力とはそういうものです。2015年計画の自給力はそういう生産諸力をイモ生産力に矮小化しています。

　第二に、「指標」とは国語辞典（新明解）では「何かを指し示す目印」に過ぎず、「目標」ではありません。「潜在生産力」の「指標」としての食料自給力は、〈今かりに「不測の事態」に陥ったとして、即生産転換可能、必要な労働力・資材・農業施設は確保されているという前提の下で、「直近年度」のイモに作付け転換した場合のエネルギー供給量〉を示すものでしかありません[52]。

　計画は別途に農地面積や耕地利用率の見通しをたてていますので、それと整合する食料自給力確保の目標も計算可能なわけですが、そうはしません。いずれにしても将来「目標」と現在完了形「指標」を並示することの整合性が問われます。

　第三に、食料自給率目標と食料自給力指標の方向に整合性がない点です。自給率目標では、前計画に対して穀物生産を減らし野菜等を増やしましたが、自給力指標では穀物、さらにはイモ類への生産シフトの方向をめざしています。方向が全く逆向きで、平時と不測時をつなぐ論理がありません。

　第四に、より根本的には「不測時にはイモに作付け転換しイモを食

---

(52)「不測の事態」においても、生産諸要素は全て確保されており、後は作付け転換するだけ、という前提はいかにもリアリティに欠ける。

え」というのが食料安全保障になるでしょうか。前述のように2015年計画は花き・花木の栽培は食料の潜在生産力にならないとしています。確かに花を食べてもカロリーにはなりません。しかし不測の時こそ花は大切です。1995年阪神淡路大震災の時、精神科医・中井久夫は神戸にボランティアに来るという精神科医・作家の加賀乙彦に、救援物資として花を頼みました。彼が背負ってきた黄色いチューリップ等の花々が病棟のスタッフや患者をなごませたといいます[53]。食料安全保障を危機管理の一環と考えれば、イモ論はあさはかです。そもそも救荒作物としてイモ栽培を勧めた青木昆陽先生の江戸時代の発想で、21世紀の食生活と著しくかけはなれており、その強要は不可能です。

　以上をまとめますと、第一に、自給率計算に不測の事態の要素を紛れ込ませた2010年計画の自給率計算は間違っていた。その限りでは2015年計画の方が正しい。第二に、2015年計画は自給率目標を引き下げるという難点をもつために、自給力指標の提示でそれをカバーしようとした。しかしそれはイモ潜在生産力に矮小され、しかも過去と現状の仮定計算に過ぎず、本来の目標の提示とは異なる。第三に、人口減少時代に必要なのは自給率の相対水準と自給力の絶対水準の併記であり、自給力は生産要素ごとの生産力として示されるべきである。

　課題も残ります。それは平時における食料自給率の向上がなぜ必要なのかの国民合意です。みてきたように突き詰めると問題は食料安全保障に行きつき、食料安全保障というと不測時対応になりがちです。本当の「不測時」を戦後の日本人はまだ経験していません。いいかえれば、平時において不測時に備える、いわば「備えあれば憂い無し」

---

(53) 中井久夫『災害がほんとうに襲った時』2011年、みすず書房、81頁。同書によれば災害時における花の大切さを最初に指摘したのは皇后と福井県の一精神科医だという。

の覚悟が必要です。それは食料自給率を現実的に可能な限り高くしておくことではないでしょうか。いずれにしても平時における食料自給率を向上させることの意義、平時と不測時をつなぐ論理の明確化が必要です。2010年計画も2015年計画もその一つの摸索と位置付けるべきでしょう。

農業・農村所得倍増戦略

　前述のように2015年計画に含まれるのか不明ですが、基本計画と併せて策定されたものとして「農業所得の増大と農村地域の関連所得の増大に向けた道筋」が示されています。

　それによると農業所得は2.9兆円から3.5兆円に1.2倍増です。「農村地域の関連所得」は1.2兆円から4.5兆円に3.75倍も伸びます。合わせて4兆円から8兆円に所得倍増です。農業所得より関連所得が上回る計算結果です。

　農業所得では、とくに米粉用米・飼料用米が9倍、大豆が1.8倍、花きが1.6倍、野菜が1.3倍に伸びます。不測時にイモに転換されるべき野菜や花きが伸び率が高く、所得額としても大きいのは皮肉です。

　農村地域関連所得は、①加工・直売、輸出、都市農村交流、医福食農連携、施設給食等、ICT活用・流通、バイオマス・再生可能エネルギーなどの7分野について、②「情勢の変化による需要拡大や取組の進展を踏まえつつ、経済全体の成長を取り込むとの前提で、伸び率等を考慮」して市場規模を試算し、それに③法人企業統計における業種別付加価値率を乗じたものとされています。ただし④食品企業等が主体となる医福食農連携、ICT活用・流通分野等については、「市場規模について、農村への帰属割合を考慮」したとされています。

　②の市場規模は「情勢の変化」「取組の進展」「経済全体の成長を取り

込む」等いずれも漠然・曖昧としています。具体的な数値が示されなければ何もわかりません。③については企業規模により付加価値率は異なります。価格形成力、規模と範囲の経済が異なるからです。いわんや企業と農林漁業者では差が出るでしょう。他に統計がないという事情はあるでしょうが、少なくとも割引率を組み込むべきです。④についてはその他の分野は農林業業者が主体になることになりますが、例えば加工をとってみても市場規模が拡大すれば当然に企業参入が起こるでしょう。

　要するに全てが曖昧で、自民党の農業・農村所得倍増戦略と辻褄合わせさせられたのが真実でしょう。こんなものを審議会が認めたとしたら、それは死を意味します。

まとめ

　2015年計画は、政権交代、官邸農政の先行という事態のなかで悪戦苦闘を強いられた計画といえます。そのなかで食料自給率・自給力の提起が唯一の新機軸といえます。官邸農政は「農業の成長産業化」「強い農業」「農業・農村所得倍増」を雄弁に語りますが、それと食料自給率の関係については口をつぐみます。食料自給率向上は多面的機能の発揮と並んで、新基本法が明らかにした農業の国民的意義です。それを語らない官邸農政は、農業を国民から遠ざけ、企業のビジネスチャンスの場として捉えるものです。

　基本計画が食料自給率と不測の事態に備えた食料自給力を語ったことは、新基本法に規定されていることとはいえ、新基本法農政を一歩前進させるものです。しかし食料自給率目標をなぜたてる必要があるのか、食料自給力はどう規定されるべきか、6次産業化が農業者にもたらす所得効果はどれほどか、については詰めるべき課題を残してい

ます。官邸農政が食料自給率や食料自給力の向上に寄与するのか否かが最終的には問われます。「不測の事態」への対応は必要ですが、いかなる「不測の事態」かが問われます。官邸は、今まさに「不測の事態」に備えるべく集団的自衛権の行使に向けた安保法制の強化に急ピッチで取り組んでいます。その時、それに対応すべく官邸農政が打ち出したのが「不測の事態対応」としての食料自給力概念だとすれば、そこには怖いものがあります。農政の初心としての「食料自給率の土台としての食料自給力」に立ち戻った検討が必要です。

6．官邸農政の矛盾

官邸農政の歴史性

　官邸農政の強みは意思決定の迅速果敢さ、その破壊力の強さにあります。たった2年間で「戦後レジームからの脱却」を成し遂げようとしています。

　「戦後レジーム」の「戦後」とは、戦後改革期だけに限定されず、1955年体制（自民党が半永久政権を保ちつつも改憲可能議席数は得られない）、そこで形成された自民党システムと利益誘導政治、安倍首相の祖父・岸の日米安保体制（日本防衛の明記）までを含み、農政については、農協コーポラティズム（農協系統が内部に強い統制力を発揮しつつ政府と政策協議していく）、食管・生産調整システムまでを含むでしょう。

　官邸主導政治は、小選挙区制がもたらす官邸への権力集中（党・官僚支配）、従来型の軽装備・成長・利益配分的保守から歴史修正主義的保守への世代交代期に登場した特殊歴史的な存在です。従ってそれを変えるには歴史を変える必要があります。その前に本書では、官邸農政に内在する矛盾をみておきたいと思います。

合意形成なき農政

　第1章では、安倍政権が国民の1/4程度の支持しか受けていないことを指摘しました。その意味では、安倍政権の強さは小選挙区制というマジックが生み出した幻の花ともいえます。民意が移ろえば、たちまちにして消えてしまう強さです。その契機は、消費税の再引き上げ、

憲法無視の安保法制の強化、憲法改正等、山積しています。

　しかしここでは農政に即してみていきます。官邸農政は、官邸という権力の中枢（最奥）が直接に指示する農政です。その正統化・合意調達も、せいぜい官邸がメンバーを選定し、その結果として財界人と新自由主義者がメンバーを独り占めする産業競争力会議、規制改革会議、国家戦略特区までです。その結果、財界やアメリカ金融資本の要求がストレートに持ち込まれます。

　それはかつての自民党が「草の根保守主義」で全国津々浦々から要求をくみ上げ政治に反映させた（利益誘導を図った）双方向型のシステムではありません。イデオロギー的な思い込みと、「上から」「外から」の利益で遂行する農政は、国民や地域はいうまでもなく、自民党支持の保守層や政権党内の多くの意見さえ反映したものとはいえません。官邸農政は、始めることは迅速果敢にできますが、いざ実施となると合意を得ていない弱みが露呈します。しかし官邸と自民党・従来型保守との矛盾を過大にみるのも誤りです。その点は後述します。

政策の担い手欠如

　本書冒頭に「基本法農政」「総合農政」「地域農政」の後の農政は名称を失ったとしましたが、いいかえれば地域農政が少なくとも手法としては今日まで継続してきたということです。生産調整政策の遂行、農地流動化の推進には地域合意が欠かせないからです。官邸農政は、生産調整政策については国による配分を廃止しても、大規模農業経営の市場対応で需給は調整可能、農地流動化については、高齢化のため黙っていても農地は出てくる、後はだれに配分するかだけと割り切りました。「地域における合意形成」を通じる政策遂行から「市場メカニズムによる決定（合意）」への変更とも言えます。その割には権力や利

益誘導（交付金）だよりではありますが、それは起爆剤だと思っているのでしょう。確かに財政危機の中で常用薬にはできません。

　これまでの地域農政は、地域合意を得るために自治体、農業委員会、農協等の調整・説得力に依存してきました。また「人・農地プラン」の作成にみられるように、地域の各階層間の合意形成・利害調整を大切にしてきました。

　それに対して官邸農政は、農協や農業委員会の合意調達上の役割を否定し、その委員や役員の資格・構成を法で決め、認定農業者や農外者のウエイトを高めようとしています。その表向きの理由は農業主業的な農業者の意向を反映させるためですが、彼らのなかには農外企業も入っています。要するに官邸農政が実際にやっていることは、農協や農業委員会の地域代表性を否定し、地域との結び目を断つことにあります。地権者等からの合意は交付金で調達できると言わんばかりです。そして農外企業主体の「農業の成長産業化」を果たすことです。

　自治体・農業委員会・農協等は、地域の暮らしと農業を守ろうとすれば、それとは違う自分たちの地域の道を追求するしかありません。

政策非整合性

　第一に、そもそもTPPを推進しつつ、食料自給率の向上、食料自給力の維持、農業・農村所得倍増が可能でしょうか。前章でみた2015年基本計画は、一方ではTPP等の「経済連携に向けた動きも更に進展していくと考えられる」としながら、他方ではTPPを全く視野に入れずにこれまでの延長上で、自給率の向上目標、自給力指標を掲げています。官邸農政は、「国益を守る」を繰り返していますが、第2章でみたように、牛肉、豚肉等で既に関税の大幅合意をしています。さらに主食用米輸入のアメリカ枠の新たな設定で押し切られようとしていま

す。そこまで交渉が進んでいるのに、その影響を無視して基本計画を立てること自体が欺瞞です。計画は「概ね5年ごと」に策定することとされており、ピタリ5年で立てねばならないものではありません。少しでも現実性のある、いいかえれば国民に対して責任のもてる基本計画を立てようとすれば、2015年3月の時期は見送るべきでしたが、官邸はそれを許さず、「粛々と」計画策定を命じたのでしょう[54]。

　食料自給力のパターンDでは、イモは必要カロリー数を上回って供給できます。TPPでそれをアメリカに輸出でもするのでしょうか。「クールジャパンでイモ輸出」はすばらしいアイデアです。

　第二に、グローバル化時代の農政の国際標準になっている直接支払政策との関係です。現在、米価は30～40万トンの持ち越し在庫を抱えながら生産調整政策の廃止が予定されるなかで、2015年3月の全銘柄平均価格は60kg当たり11,943円の最安値になっています（前年比16%安）。それに対して2012年の資本利子・地代全額算入生産費は平均15,957円、15ha以上の最上層をとっても11,444円です。加えて先のアメリカ産主食用米5～20万トンが追加されれば、TPPによる関税撤廃をまたずして国際価格7,000円程度の水準まで下落しかねません。要するに官邸農政は、米の市場価格の下落を放置して国際価格近傍まで引き下げ、それをもってTPPを軟着陸させるつもりです。

　グローバル化時代の農政の国際標準は、市場価格を国際価格に近づけつつ、それと生産費との差額を直接支払する方式です。それは内外価格差が大きい国ほど財政負担を高めることになり、日本のような国がとるべき政策ではありませんが、市場開放する以上は、やむをえず

---

[54] TPP交渉を睨んで「政府中枢からも"それほど急がなくてもいいのでは……"とする意見も出ていた」とも報道されている（全国農業新聞3月20日「深層」）。

とらざるをえない政策です。

　官邸農政も直接支払政策は口にします。しかしそれは地域資源管理の費用を一部負担する「多面的機能支払」を「日本型直接支払」として打ち出すものであり、これをもって直接支払政策を打ち切るつもりです[55]。米価と生産費のギャップは、規模拡大によるコストダウンと「強い農業」「農業の成長産業化」（さらには収入保険化）で埋められるとして、直接所得支払政策の構築を拒否する。それは2009年までの自民党農政が米価下落を放置して政権交代に至ったことの矛盾をさらに深めることになるでしょう。

　第三に、構造政策との関係です。農地中間管理機構のメカニズムが農外企業の農地取得を促進するものであることは先に見ましたが、地権者農家は、高齢化等から農地を貸しに出さざるを得ない状況が強まっているにもかかわらず、機構に貸すと、あとは誰に転貸されるか分からず、場合によっては地域に迷惑をかけることになりかねず、そういう警戒心から機構への貸し付けをためらっています。

　また高齢化といっても70代、80代までは水・畦畔管理等の管理作業は十分にできる元気な高齢者も多い。機構に貸し付けて完全リタイアするよりは、集落営農に機械作業を任せつつ、なお管理作業等を通じて農業や地域につながっていたい高齢者は多いはずです。

　第四に、中山間地域農業政策の欠如です。本書では紙幅との関係で省きましたが、官邸主導政策の柱の一つは「地方創生」です[56]。確かに「地方」を「創生」することはできますが、「地域」を「創生」することはできません。中央はその権力と経済力で自分にとっての

---

(55)拙著『戦後レジームからの脱却農政』（前掲）第4章。
(56)拙稿「『地方創生』と農協『改革』——それは『地域再生』につながるか」『農業と経済』2015年4月号。

「地方」を創りだせますが、「地域」はつくれません。なぜなら「地域」は自然と歴史に育まれた「あるもの」だからです。

　安倍政権は2016年夏の参院選で勝てば憲法改正に突き進めるとして[57]、2月の施政方針演説でも、地方票を狙って「地方こそ成長の主役です」と「地方創生」にやっきです。しかし同時に「東京圏は、日本の成長のエンジン」、「地方と東京圏がそれぞれ強みの強みを生かし、日本全体を引っ張っていく」としています。これは「大震災からの復興と日本再生の同時進行を目指す」とした復興構想会議・復興基本法と全く同じロジックです（当時は民主党政権でしたが）。所詮はグローバルシティ東京というエンジンが牽引していく「地方」、票をもらえればいいだけの「地方」に過ぎません。

　「地方創生」の産業戦略は無いに等しく、相変わらず企業の地方移転等に賭けています[58]。

　農政においても、平場でのTPP軟着陸政策と「農業の成長産業化」政策に終始しており、中山間地域については6次産業化等の一般論に終わっています。先の施政方針演説でも五番目に地方創生が強調されていますが、そこでは農業についてはほとんど語られていません。そもそも地域の生活インフラ・ライフラインになっている農協の諸事業を切り捨てさせ、地域の農地の維持管理に努力している農業委員会を農地集積のための機動的機能組織に変えながら、「地方創生」をいくら語っても、それは「担い手なき地方創生」に終わります。

---

(57) 校正時の報道では、まず「お試し改憲」をしてから「9条改憲」という時間差攻撃のようである。

(58) 帝国データバンク調査では、2009〜10年以降、東京からの転出企業は減り、東京への転入企業が増えている。また転出入の主流は東京⇄神奈川・埼玉・千葉の首都圏内移動であり、一極集中が進んでいる（朝日新聞、4月10日）。

まとめ

　このように官邸農政は数々の矛盾をかかえ、自民党内からさえ十分な合意を調達できているようには思えません。そこで二つの考えがでてきます。

　一つは、安倍政権さえしのげれば後は何とかなるという考えです。しかし次には、例えば前述の石破茂地方創生相など、より原則的かつしたたかで「地方に強い」保守が控えているとみるべきです。石破大臣は、いま、地方創生のプランづくりを期限付きで地方に迫っています。「地方創生」ならぬ「地域再生」は、地域の叡智を集め、熟議し、合意を得る長い熟成期間が必要です。それを無視して短期間での計画策定を急がせるのは、「地方を競争させるため」などとしていますが、2016年の参院選めあてです。自民党支配が続く限り官邸農政は継続するとみるべきです。

　二つは、官邸と自民党を分けて捉える考え方です。官邸はケシカランが自民党は違う、いまさら民主党でも政権交代でもないとしたら、自民党のセンセー方にがんばってもらうしかない。センセーも官邸の横暴に腹を立てている、といった受けとめでしょうか。それは部分的には当たっているかも知れません。しかしヤクザにも脅し役とすかし役がいます。ヤクザにたとえるのはケシカランというなら刑事もそうでしょうか。「自民党を勝たせれば結果的に官邸が強くなる」――そういう政治メカニズムの中に我々は生きています。

　そういうなかで、2016年の参院選に向けて農政を一大争点にしていく必要があります。

あとがき

　本書の文章は書き下ろしていますが、発表間もない下記の拙稿の論旨を活かしています。掲載誌紙の発行日を記すと次の通りです。活用させていただいた各位に感謝します。

　『農業協同組合新聞』1月22日、2月10日、『文化連情報』2、4月号、『世界』4月号、『農業・農協問題研究』56号（4月）、『労農のなかま』4月号、『現代農業』4月号、『日本農業新聞』4月7日、5月12日、『農業と経済』5月号、『財政金融事情』春季合併号、『いのちとくらし研究所報』5月号、『法と民主主義』5月号、『月刊NOSAI』5月号、『経済』6月号。

　また、いつもながら筑波書房の鶴見治彦社長には迅速な制作をしていだたき、松﨑めぐみさんには校正等を手伝ってもらいました。
　本書が出る頃には春耕もピークを過ぎ、むら歩きができるようになります。むらむらの現実の中に官邸農政とは別の道を探りたいと念じています。

2015年5月19日

田代　洋一

著者略歴

田代　洋一（たしろ　よういち）
1943年千葉県生まれ。1966年東京教育大学文学部卒、農水省入省、1975年横浜国立大学経済学部に移り、2008年度より大妻女子大学社会情報学部教授。博士（経済学）。

筑波書房ブックレットの執筆リスト
『WTOと日本農業』(2004年1月)
『食料・農業・農村基本計画の見直しを切る　財界農政批判』(2004年8月)
『食料自給率を考える』(2009年7月)
『政権交代と農業政策　民主党農政』(2010年4月)
『安倍政権とTPP　その政治と経済』(2013年4月)
『TPP＝アベノミクス農政　批判と対抗』(2013年10月)
『農協・農委「解体」攻撃をめぐる7つの論点』(2014年12月)

筑波書房ブックレット　暮らしのなかの食と農 ⑤⑧

官邸農政の矛盾　TPP・農協・基本計画

2015年6月10日　第1版第1刷発行

著　者　田代洋一
発行者　鶴見治彦
発行所　筑波書房
　　　　東京都新宿区神楽坂2-19 銀鈴会館
　　　　〒162-0825
　　　　電話03（3267）8599
　　　　郵便振替00150-3-39715
　　　　http://www.tsukuba-shobo.co.jp

定価は表紙に示してあります

印刷／製本　平河工業社
©Yoichi Tashiro 2015 Printed in Japan
ISBN978-4-8119-0468-9 C0036